餐巾纸金融学

30秒内
快速提高财商

[美] 蒂娜·海伊（Tina Hay） 著 孙峰 译

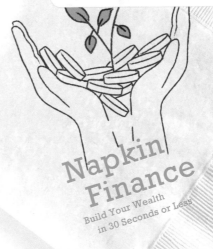

Napkin
Finance

Build Your Wealth
in 30 Seconds or Less

中信出版集团｜北京

图书在版编目（CIP）数据

餐巾纸金融学 : 30 秒内快速提高财商 /（美）蒂娜
· 海伊著 ; 孙峰译. -- 北京 : 中信出版社, 2021.6

书名原文 : Napkin Finance: Build Your Wealth in
30 Seconds or Less

ISBN 978-7-5217-3117-0

Ⅰ . ①餐… Ⅱ . ①蒂… ②孙… Ⅲ . ①财务管理—基
本知识 Ⅳ . ① TS976.15

中国版本图书馆 CIP 数据核字 (2021) 第 097212 号

餐巾纸金融学——30 秒内快速提高财商

著　　者 :［美］蒂娜 · 海伊
译　　者 : 孙峰
出版发行 : 中信出版集团股份有限公司
　　　　　（北京市朝阳区惠新东街甲 4 号富盛大厦 2 座　邮编　100029 ）
承 印 者 : 天津丰富彩艺印刷有限公司

开　　本 : 880mm×1230mm　1/32　　　印　　张 : 9.25　　　字　　数 : 157 千字
版　　次 : 2021 年 6 月第 1 版　　　　　印　　次 : 2021 年 6 月第 1 次印刷
京权图字 : 01-2020-3310
书　　号 : ISBN 978-7-5217-3117-0
定　　价 : 58.00 元

目　录

第一章

理财基础知识

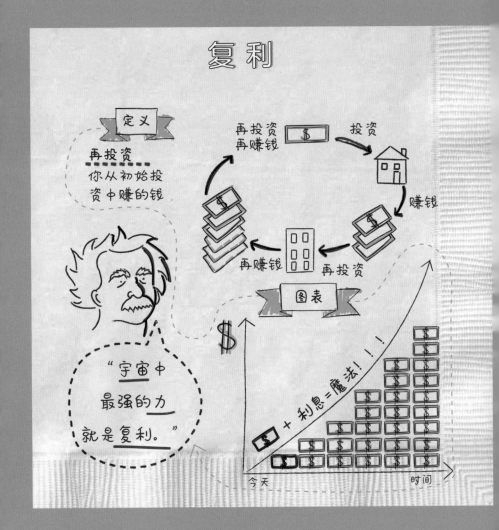

复　利

你大概对生息的基本概念很熟悉：你把 1 000 美元存入银行，然后银行会付给你一些利息作为回报，比如每年 2%。一年到头，你会赚到 20 美元。

如果你把这笔钱存到账户中不动，第二年你就会在 1 020 美元的基础上赚 2% 的利息，而不再以原始的 1 000 美元作为本金。你的利息不再只是 20 美元，而是 20 美元加上 40 美分（你真是个土豪）。复利指的是基于不断增加的余额赚钱（或者换句话说，复利是利上利）。

复利的魔力在于，它会让你的钱成倍增长。虽然 40 美分听起来并不多，但随着时间的推移，一定数量的资金会因为复利的叠加而产生惊人的结果。

10 000 美元与 0.01 美元

你是愿意连续一个月每天收到 10 000 美元，还是愿意第一天收到 1 美分但后续一个月每天收到的钱都翻倍呢？（提示：不要被表象迷惑哦！）

由于复利，到月底时，相比每天 10 000 美元积累起来的 310 000 美元，翻倍的 1 美分会让你赚到 10 737 418 美元以及大量的硬币包装纸。

第1天　第1周　第2周　第3周　第4周

310 000 美元

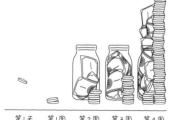

第1天　第1周　第2周　第3周　第4周

10 737 418 美元

加速财富增长

复利和本金的增长密不可分（除非你把钱取出来，而不是让它继续增长）。不过，以下三件事可以让复利快速增长。

» 更高的利率。
» 不断增加本金。
» 给予本金足够的积累时间。

奇闻趣事

» 人们认为复利是在大约公元前 2000 年的古巴比伦时期被发明的，仅仅比车轮年轻一点点。
» 本金翻倍需要多久？用利率除以 72，你可以得到一个粗略的结果（这被称为 "72 法则"，详见第十二章）。

要点回顾

» 你赚的利上利（或支付的利上利）就是复利。
» 投资者之所以说 "复利有魔力"，是因为它能让你的钱以不可思议的方式增长。
» 若要加速本金的复利增长，你可以投入更多本金、让本金积累更长时间并找到回报率最高的投资。

当我告诉父母我的零花钱应该有复利时，他们让我从家里搬出去，因为我已经 30 多岁了。

——餐巾纸金融公司

储　蓄

　　储蓄是将闲置不用的钱存起来。

　　生活中充满意外，有好有坏，但储蓄能够确保你在面临紧急情况、意外开销、医疗费用和完成未来目标时有钱可用。最重要的是，储蓄是保障终生财务安全的关键。

> 不要把消费剩下的钱存起来，而要先储蓄后消费。
>
> **——沃伦·巴菲特，亿万富翁**

储蓄账户的优势

　　储蓄是一个非常好的习惯。把你辛苦赚来的钱存入专门的储蓄账户有如下好处。

» 稳定——储蓄账户在价值上不会浮动，既不会贬值也不会折损。它们就是用来保护你的资金的。

» 增长——当你获得利息时，储蓄账户中的本金也随之增加。

» 安全——美国政府通过美国联邦存款保险公司（Federal Deposit Insurance Corporation，缩写为 FDIC）保障大多数银行的账户余额，保额最高达 25 万美元。

储蓄建议

» 开设储蓄账户。专属储蓄账户可以帮你将储蓄和支出分开，这样你就不会忍不住花其中的钱了。选一种收费低或不收费且利率高的账户类型，确保你能满足最低存款要求和接受相应的取款限制。

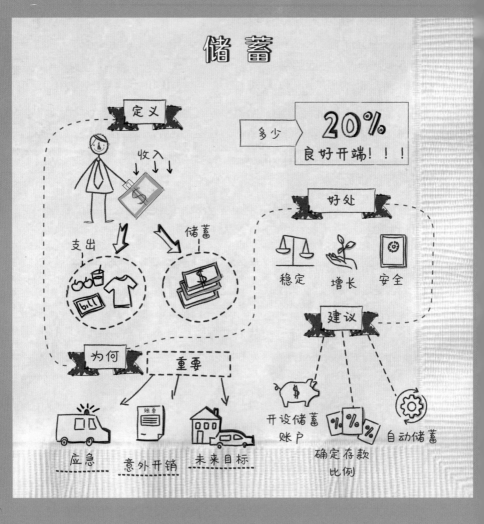

» 确定存款比例。根据预算确定你每笔薪水的储蓄比例，即便最初只有 1%。专家建议的理想储蓄比例为 20%。

» 自动储蓄。开通活期账户定期向储蓄账户自动转账的功能。一旦工资到账，你就应该直接将其中一部分存起来，以免把它们全部花出去。

奇闻趣事

» 购物疗法是真实存在的。大约一半的美国人坦言情绪会驱使他们过度消费。尽量不要利用银行账户来释放压力。

» 相比刷卡消费，现金支付能让你花得更少。显然，数钱的动作更能让人感受到消费的痛苦。

» 大多数美国人的存款不足 1 000 美元。真可怕！

要点回顾

» 为未来存钱是提升财务安全的关键方法。

» 将钱存入储蓄账户可以赚取利息，保障资金安全，并且让你少花钱。

» 设置自动转账并将特定比例的工资存起来可以帮你养成良好的储蓄习惯。

少花钱，省更多钱。

——餐巾纸金融公司

预 算

预算是为了更好地管理支出和
储蓄而制订的计划。当你遵循预算
时，你对你的资金用途有明确的限
制。做预算是改善个人财务状况的
有力方法，因为它能确保你的支出
不会超过收入。

> 警惕小支出。小漏沉大船。
>
> ——本杰明·富兰克林，
> 美国政治家

做预算的好处包括：

» 明确资金用途（比如外卖）。
» 确保你的钱够花，同时限制冲动消费。
» 节省更多钱。
» 释放更多资金以偿还债务和为其他长远目标存钱。

如何做预算

第一步：计算每月的税后收入。

第二步：记录一两个月的开支情况，看看你一个月通常花多少钱
以及花在了哪些方面。你可以利用表格和应用程序进行记录。

第三步：确定预算的不同类别，并为每个类别设定每月限额，例
如外出用餐每月 200 美元。

第四步：坚持你设定的限额。这一步可以利用应用程序和软件来
完成，例如它们会在你达到当月消费限额时提醒你。

第五步：当养成关注个人支出的习惯后，试着找到其他可以缩减
的支出。

预算

管理支出和储蓄

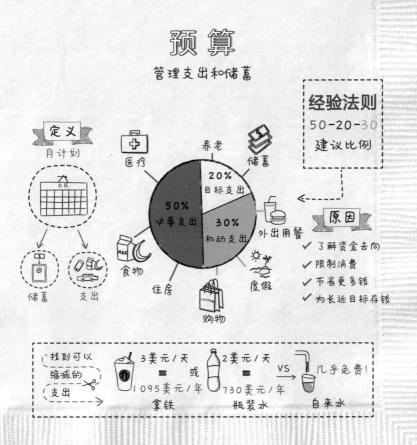

经验法则
50-20-30
建议比例

定义
月计划
白历

储蓄　支出

医疗　养老　储蓄

20%
目标支出

50%
必要支出

30%
机动支出

外出用餐

食物

住房　购物　度假

原因
√ 了解资金去向
√ 限制消费
√ 节省更多钱
√ 为长远目标存钱

找到可以缩减的支出

3美元/天 ＝ 或 2美元/天 ＝ VS 几乎免费！
1095美元/年　730美元/年
拿铁　　瓶装水　　自来水

50-20-30 预算法则

如上所述，做预算时你一定要明确每个消费类别的资金分配。根据 50–20–30 预算法则，你可以将收入分为以下三个部分。

» 50% 的必要支出，包括住房、水电、生活用品和医疗保健的费用。
» 20% 的目标支出，例如偿还债务、存够房子首付或者进行养老储蓄。
» 30% 的机动支出，包括娱乐、度假、外出用餐的费用和非必要消费。

奇闻趣事

» 预算（budget）一词源于法语单词"bougette"，意思是"皮包"。
» 在一年中，每个美国家庭平均为宠物花费 710 美元，在酒水上支出 558 美元，在书刊报纸等读物上仅支出 110 美元（这些是优先事项）。

要点回顾

» 预算是一个让你决定花多少、怎么花的计划。
» 做预算可以确保你在生活中量入为出。
» 你可以根据自身情况定制预算方案，或者试试 50–20–30 预算法则。
» 应用程序能帮你记录支出情况并坚持你设定的限额。

要是所有人都能像在网飞上找剧、刷剧那样习惯做预算就好了。

——餐巾纸金融公司

债 务

债务就是你欠的钱。

在借钱时，你通常会答应在一定期限（称为贷款期限）内偿还。在一般情况下，你除了偿还本金，还要支付利息。

你在生活的不同阶段可能会接触到不同的债务类型。一些最常见的债务类型如下：

> 你如果怀疑没人关心自己的死活，就试试逾期还几次车贷。
>
> ——厄尔·威尔逊，
> 作家

- » 信用卡债务——你每次用信用卡付款，都是在借钱。当你还清信用卡余额时，你就还清债务了。
- » 抵押贷款——抵押贷款是用于购买房产的贷款。抵押贷款的还款期限通常为 15 年或 30 年。
- » 助学贷款——你也许会申请助学贷款来支付本科或研究生的学费。
- » 汽车贷款——你可以用汽车贷款买一辆车。
- » 小企业贷款——公司也会借钱。小企业贷款可以帮助新公司起步。

好债与坏债

一种债务是好债还是坏债，取决于利率以及你借钱是否是为了进行明智的投资。

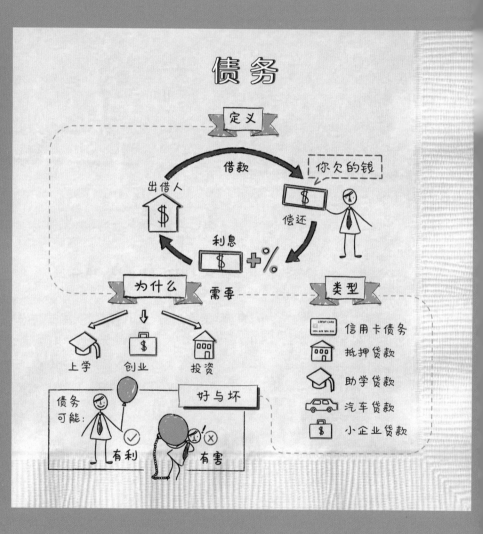

项　目	抵押贷款	联邦助学贷款	信用卡债务
好债或坏债	好债	好债	坏债
利率	低	低	高
明智投资	是。你的房产很可能升值，拥有自己的住房也可以让你的财务更加安全	是。大学教育能够提升你未来的赚钱能力	否。你花了一大笔钱买的五星级午餐棒极了，但它不会给你带来红利

奇闻趣事

» 美国家庭背负的总债务超过 130 000 亿美元，其中包括 90 000 亿美元的抵押贷款、15 000 亿美元的助学贷款和 12 000 亿美元的汽车贷款等。

» 一个美国家庭若以最低限额的还款方式偿还信用卡债务，一般需要 12 年时间。

要点回顾

» 债务是必须偿还的借款，通常需要你支付利息。

» 你可能会在人生的某个阶段背负一些债务，例如助学贷款、信用卡债务或抵押贷款。

» 债务的"好"或"坏"取决于其利率的高低，以及你是否将它用于明智的投资。

并非所有债务都不好，有些只是被误解了。

——餐巾纸金融公司

利　息

对于借款人来说，利息是借款的成本。对于出借人来说，利息是借款的利润。

利息用比率表示，例如 5%。用这一比率乘以借款金额和还款期限，就可以算出借款人需要支付的利息。例如，如果你以 5% 的利率借入 1 000 美元，为期一年，那么你将偿还对方 1 050 美元。

利息的收支

在生活中，你有时候可能是收到利息的一方，有时候可能是支付利息的一方。

当你把钱借给他人或进行投资时，利率越高越好，因为这意味着你可以赚更多钱。当你向他人借钱时，利率越低越好，因为这意味着你可以少还点钱。

收到利息的情况	支付利息的情况
在生息账户中有钱	信用卡账户有欠款
有定期存单、债券或其他有息投资	借钱买房、上大学或买车
进行线上 P2P 贷款或者将钱有息借给朋友	未支付的账单开始产生滞纳金

两种利息类型

单利仅按借款的初始金额计算。复利是按借款加上任何应计利息计算的。

在比较银行账户或选择贷款类型时，你可能会看到两种表示利率的方式——年利率（APR）或年收益率（APY）。前者只表示单利，

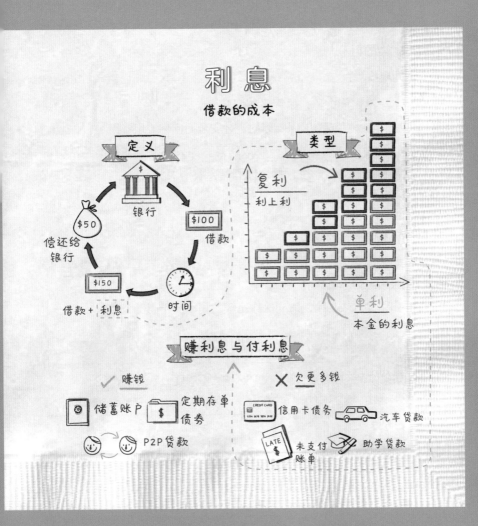

后者则反映复利。

最主要的是，利率的复杂程度令人惊讶。在比较利率时（无论你是要以低利率借钱还是要以高利率赚取收益），请确保你所比较的是同一类型的利率。

奇闻趣事

» 利率有可能为负，尽管这种情况很少见。例如，银行会支付利息让你贷款（或为了保障你的资金安全而向你收取费用）。

» 伊斯兰法律禁止支付或收取利息。如果你在遵守伊斯兰法律的银行开设储蓄账户，那么你可能会获得"目标利润"而不是利息。

要点回顾

» 利息是借款的成本。

» 如果你要借钱，那么利息对你不利。如果你要把钱借给他人，那么利息为你工作。

» 如果要比较利率，请确保你比较的利率属于同一个类型。

如果你想还款时没有利息，那么你大概想要一笔无息贷款。

——**餐巾纸金融公司**

银　行

银行是吸纳存款、兑现支票和发放贷款的机构。它们本质上是保护资金安全和进行交易的基地。

银行业务的好处

使用银行账户或其他银行服务有以下好处：

» 安全——存在银行的钱通常享有保险，保额最高可达25万美元。

» 方便取用——存取款方便。

» 线上管理——通过银行网站或应用程序管理账户。

» 轻松转账——将银行账户和付款程序绑定，你就可以轻松地把音乐会门票钱还给朋友。

» 贷款权限——向银行申请信用卡或抵押贷款。

> 如果你能证明自己不需要钱，银行就会把钱借给你。
>
> ——鲍勃·霍普，
> 美国喜剧演员

安全可靠

存入银行的钱很安全，因为联邦政府通过联邦存款保险公司为银行的每个储户提供了最高达25万美元的保额。因此，即使银行倒闭（这种情况几乎不可能发生），你的钱没了，你也能获得最多25万美元的补偿。

银行如何赚钱

银行向个人和公司发放贷款并收取利息（如果你的账户产生费用，银行也会赚钱——熟悉账户规则可以帮你避免这种情况）。有了这些利息收入，银行就能够支付储蓄账户所产生的少量利息。

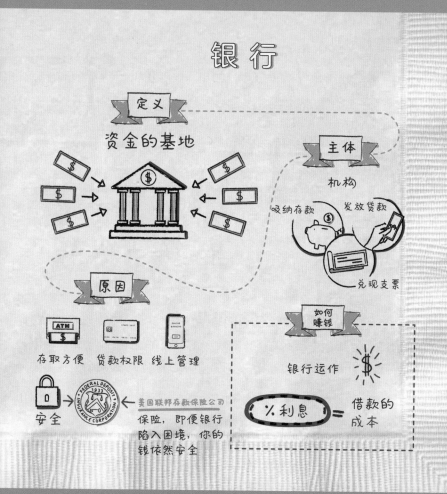

奇闻趣事

» 你可以在意大利的埃米利亚诺信贷银行用帕尔马干酪作为抵押物获得贷款。

» 为什么有人会为了 1 美元而抢银行？因为他们入狱就能获得医疗保健。这是 2011 年和 2013 年分别在北卡罗来纳州和俄勒冈州抢银行的两位嫌疑人的供词。

要点回顾

» 拥有银行账户可以让你更轻松地管理资金。

» 你存放在大多数银行的资金都由联邦存款保险公司承保，保额最高达 25 万美元，因此即使银行破产（安息吧，雷曼兄弟），你的资金也是安全的。

» 银行通过收取贷款利息来赚钱。

网上银行能够让你舒服地躺在浴缸里转账。

——**餐巾纸金融公司**

应急基金

应急基金是你用来防患于未然的资金储备。

为何重要

如果出现以下情况，你可以依靠应急基金。

» 你丢了工作。
» 你的车抛锚了。
» 你进了急诊室。

拥有应急基金可以帮你应对生活中意想不到的麻烦，也能让你更容易从挫折中恢复，避免陷入财务危机。

如何储备

专家一般建议预留 3~6 个月的生活费用作为应急基金（这个金额一般少于你 3~6 个月的收入）。但是，你可以根据具体情况来调整这一金额。

在以下情况下少存一些	在以下情况下多存一些
你拥有一流的保险	你只有最基本的保险或者没有保险
如果失去工作，你可以立即搬回去和父母同住	你不想和父母住一起或者借宿在朋友家的沙发上
你一人吃饱，全家不饿	你上有老，下有小
你有大量其他资产帮你缓解财务冲击	你的财务状况已经不稳定了

建 议

储备应急基金的最佳做法包括：

» 将其设为优先事项。许多专家建议，在实现其他目标（例如为退休储蓄）之前先储备应急基金。
» 将其存入储蓄账户，这样既安全又方便取用，还可以赚一些利息。

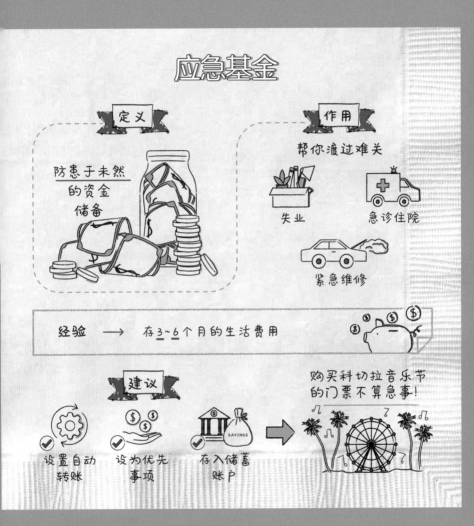

> » 开通工资账户向应急基金账户自动转账的功能，直到其中资金充足
> 为止。

何时使用

购买科切拉音乐节的门票听起来可能是件急事，但对不起，它不算。除非眼前的情况的确很紧急，否则请不要打开应急储蓄罐。

此外，尽量不要将应急基金用于可预测的开支。你如果知道自己的车该换了，就储备一份单独的新车基金，这样你就不必在换车的时候动用你的应急基金了。

奇闻趣事

> » 大约 2/5 的成年人没有现款来支付 400 美元的意外账单。
> » 动用应急基金的常见原因首先是支付房屋维修费用，其次是支付
> 汽车维修费用。

要点回顾

> » 应急基金是用于紧急开支的存款。
> » 尽量储蓄 3~6 个月的生活费用作为应急基金。
> » 应急基金应存放在易于支取的地方，例如储蓄账户（请参阅本章
> "储蓄"部分）。

准备好应急基金，以防意外失业。准备好呕吐袋和咸菜，以防意外怀孕。

——**餐巾纸金融公司**

保　险

保险是一种财务保护，它与应急基金共同构筑成一张安全网，避免让事故、疾病、家中失火或家人去世等意外事件影响你的财务安全。

在购买保险时，你需要同意定期向保险公司支付一定的金额作为保费。作为交换，保险公司承诺在你需要索赔或申请补偿损失时，支付保额或帮你支付费用。

每个人生阶段

你的保险需求通常与生活中的重大事件息息相关。以下是你在人生的不同阶段可能需要的一些保险类型。

重要事件	保险需求
获得第一份工作	欢迎探索自己的健康保险世界
租到第一间公寓	你好，租房保险
买车	在美国大多数州，在没买车辆保险的情况下开车是违法的
买房	再见，租房保险。你好，产权保险、抵押贷款保险、财产保险（洪水保险另外收费）
养孩子	恭喜你！每当有新宝宝出生时，你就要购买一份健康保险。你最好也给自己购买一份人寿保险

建　议

» 低风险等于低保费。如果你不吸烟，你死于与吸烟有关的疾病的

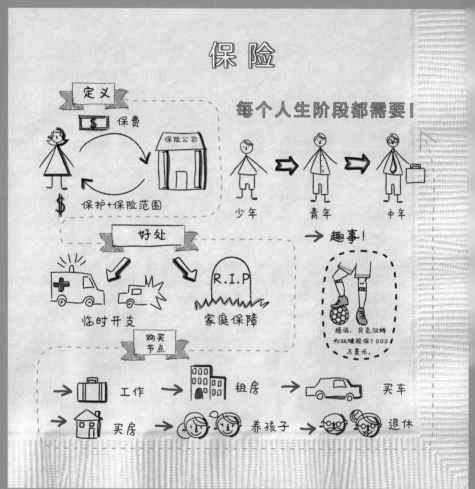

概率就比较低，因此你通常可以获得更便宜的寿险保单。

» 了解免赔额，即在保险公司理赔之前需要你自付的金额。

» 如果你提出多项索赔要求，你的保费就可能增加。这就是车主遇到轻微交通事故时通常不会申请保险的原因。

» 保险条款很复杂，且因保单而异。认真阅读你的保险合同，以了解保险范围。

奇闻趣事

» 大卫·贝克汉姆曾在足球生涯的巅峰时期为他的腿投保 7 000 万美元。

» 据报道，女演员雪莉·麦克莱恩为了保护自己的财产，购买了一份价值 2 500 万美元的保险。

要点回顾

» 在购买保险时，你同意定期向保险公司支付少量保费，而保险公司同意在发生可怕的事情时向你或其他受益人支付一大笔赔偿金。

» 在遇到生孩子或买房等人生大事时，你可能需要新的保险。

» 保险公司对高风险的保单收取更高的费用。

一天一苹果，医生远离你。没有健康保险，医生或许也会远离你。

——餐巾纸金融公司

章节测验

1. **你存在银行的钱是安全的，因为：**

   A. 它被保存在保险箱中。

   B. 银行是这么说的，它们没有必要撒谎。

   C. 银行的首席执行官会亲自为你存入的每一分钱担保。

   D. 联邦政府提供最高 25 万美元的保额。

2. **银行通过以下方式赚钱：**

   A. 收取贷款利息。

   B. 收回房屋。

   C. 私下洗钱。

   D. 每月都让董事长带着一袋现金去拉斯维加斯赌一次。

3. **预算的好处不包括：**

   A. 帮你学会量入为出地生活。

   B. 增加你退休后的社保收入。

   C. 让你了解自己的钱的实际用途。

   D. 帮你留出更多的钱来实现目标。

4. **一种受欢迎的预算法则是：**

   A. 10–90 预算：10% 租金，90% 女童子军饼干。

   B. 40–20–40 预算：40% 住房，20% 食物，40% 其他。

   C. 50–20–30 预算：50% 必要支出，20% 目标支出，30% 机动支出。

   D. 10–10–80 预算：10% 酒吧消费，10% 优步，80% 享乐。

5. **复利是：**

   A. 在已获得的利息之上赚取利息。

   B. 一只股票每月的收益。

   C. 在聚会上被谈论的一件听起来很有趣的事情。

D. 你对节目第二季中的角色比第一季中的角色更有兴趣。

6. **判断题：连续一个月每天赚取 10 000 美元，胜过起初收到 1 美分，尔后一个月每天的收入都翻倍。**

　　□ 正确　　　　　　□ 错误

7. **让复利发挥作用的关键是：**

　　A. 将它送到霍格沃茨魔法学院。

　　B. 在开设账户时，勾选"是，我想赚取复利"。

　　C. 不要取出利息，而是让它继续增长。

　　D. 在使用这种化合物后，至少 30 分钟不要洗头。

8. **常见的债务类型不包括：**

　　A. 助学贷款。

　　B. 小企业贷款。

　　C. 普通贷款。

　　D. 抵押贷款。

9. **下列哪种债务可能是"好债"：**

　　A. 享有低利率，用于明智投资。

　　B. 花钱买开心。

　　C. 低于 500 美元。

　　D. 让你明白了什么才是真正重要的。

10. **判断题：你应该留出 3~6 个月的生活费用作为应急基金。**

　　□ 正确　　　　　　□ 错误

11. **以下哪种情况可以使用应急基金：**

　　A. 参加挚友的单身派对。

　　B. 找了一份新工作，需要买个新衣柜。

　　C. 去全食超市吃午餐。

　　D. 失业后需要自费购买医疗保险。

12. 你可以通过下列哪种方式降低保费：

A. 在购买保单时，用"积分"支付部分费用。

B. 保持健康，非必要情况下避免提出保险索赔。

C. 移居到加拿大。

D. 将你的人寿保险单卖给出价最高的人。

13. 在借钱时，你应该：

A. 找一些新朋友在你无法还钱的时候保护你。

B. 选择高利率，因为其实没人指望你偿还借款。

C. 选择低利率，因为低息贷款可以为你带来更大的回报。

D. 选择低利率，这样你就能少付利息。

14. 单利是：

A. 没有从八年级毕业的利息。

B. 与复利相比，是以初始金额为基础获得的利息。

C. 单位新来的实习生喜欢的乐队。

D. 不求当下承诺的利息。

15. 判断题：40 岁之前不用考虑储蓄。

☐ 正确　　　　　☐ 错误

16. 下列哪项操作不能帮你省钱：

A. 将钱存入储蓄账户。

B. 开通自动转账到储蓄账户的功能。

C. 每月存一定比例的薪水。

D. 生孩子。

答　案

1. D　2. A　　3. B　　4. C　　5. A　　6. 错误　7. C　　8. C

9. A　10. 正确　11. D　12. B　13. D　14. B　　15. 错误　16. D

第二章

信用规划

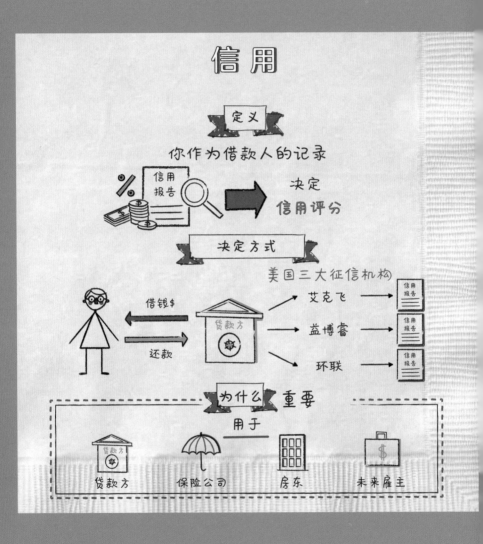

信　用

简而言之，信用就是你的财务信誉。你的信用记录描述了你的借款情况，包括你是否按时还清账单。

信用为何重要

你的信用记录有以下用途：

» 贷款方决定是否借钱给你。
» 贷款方决定向你收取的贷款利率。
» 保险公司计算向你收取的保费。
» 房东决定是否租房给你。
» 未来雇主决定是否雇用你。

如何建立信用

一般来说，只要你借钱，你就会建立信用：如约还款会帮你建立良好信用，而逾期还款会影响你的信用记录。影响信用的行为包括以下几种：

» 依靠信用卡还清每月账单。
» 产生或拖欠助学贷款。
» 产生或拖欠任何其他类型的贷款，包括车贷和房贷。
» 银行账户有未偿还的透支额。
» 未支付的水电费账单或医疗账单。
» 任何账单托收交易。

谁记录你的信用

征信机构会记录你的信用情况。如果你错过了一次信用卡还款，发卡机构就可能会向征信机构报告你的拖欠情况。有时，你可以劝阻贷款方上报你的拖欠行为。美国三大征信机构是艾克飞、益博睿和环联。

征信机构会对上报的信息持续跟踪7年（7年后，不良信息会被删除）。这些信息构成了你的信用报告，用于计算你的信用评分。

奇闻趣事

» 艾克飞和益博睿是一群企业主为了共享拖欠债务的客户信息而成立的公司。

» 据说，艾克飞以前会搜集消费者的婚姻状况、政治活动等信息。（没想到吧？）

要点回顾

» 你的信用记录描述了你的借款情况。

» 信用很重要，因为它会对你能否获得贷款产生影响甚至决定你能否得到一份工作。

» 贷款方会向征信机构报告你的借款数额以及你是否按时还款，这些信息将被纳入你的信用报告。

你对待服务员的方式将会影响你的信用评分。

——餐巾纸金融公司

信用卡

有了信用卡，你就可以先购物后付款，免去数钱或找零的麻烦。当你使用信用卡消费时，你是在向发卡机构（比如银行）借钱。在任何时候，你的信用卡余额都是你当前的欠款总额。

信用卡一般都有额度限制，即你能承受的最大余额，例如 5 000 美元。如果你试图超额消费，那么你的刷卡交易将被拒绝。

逾期后果

和其他类型的债务一样，你需要按时偿还信用卡。利息从产生欠款之日起，按月累计。如果你无法达成最低还款，你的账户就会开始产生滞纳金。信用卡逾期绝对会快速拉低你的信用评分。

信用卡的好处

如果你谨慎使用信用卡，信用卡会带给你很多好处。

- » 便于线上消费。
- » 卡片丢失或被盗时享有可靠的保护措施。
- » 可以获得奖励，例如积分、里程数或者现金奖励。
- » 可以帮助你建立信用记录。

信用卡与借记卡

虽然你通常可以用同样的方式使用信用卡和借记卡在线下刷卡和线上支付，但它们还是有一些重要的区别。

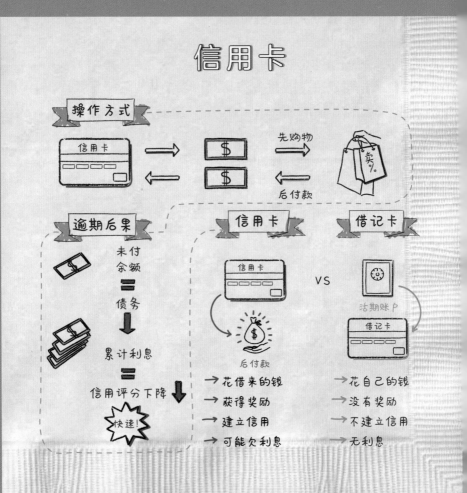

项　目	信用卡	借记卡
使用方法	借款消费，以后还款	直接用你的银行账户消费
利息	支付每月累积的欠款利息	无利息
消费奖励	有一张奖励卡	一般没有
对信用记录的影响	如果按期还款，将建立良好信用；如果逾期不还，将留下不良信用记录	无影响
申请难度	必须通过信用核查，才能获得	一般来说，开设银行账户时，你就能自动获取

奇闻趣事

» 美国现在有大约 4 亿张活跃信用卡，平均每人一张以上。

» 1974 年以前，已婚女性需要丈夫作为账户联署人才能获得信用卡。《平等信用机会法案》禁止发放信贷时的歧视行为，但在现实中，女性仍普遍被收取更高的利率。

要点回顾

» 当你刷信用卡时，你就是在贷款。

» 和其他类型的贷款一样，你需要按时还清信用卡账单，否则利息和费用可能会增加。

» 信用卡和借记卡看起来似乎别无二致，但在利率、对信用记录的影响以及奖励方面存在重大差异。

如果盗用者只是拿走你的信用卡并抚养你的孩子，而不是偷钱，身份盗用这件事可能就没那么可怕。

——餐巾纸金融公司

提升信用

你的信用报告和信用评分体现了你是否拥有良好的还款记录。贷款方和其他人可以通过你的信用记录来了解你是否能履行财务义务。如果拥有良好的信用记录，你就可以轻松办理信用卡，获得公寓或住房抵押贷款，甚至找到一份工作。

如何提升信用

无论你的信用记录是否完美，你都可以通过以下步骤来提升信用评分。

- » 按时支付所有账单。
- » 每月还清信用卡。
- » 定期检查信用报告中的错误信息，例如你已还清却被标记为未还状态的债务（你有权每年向三大征信机构索取一次免费的信用报告）。
- » 接受发卡机构提供给你的额度增加机会。

你可以通过避免下列做法来维护信用记录和信用评分。

- » 逾期还款（不仅仅是信用卡，还包括其他任何债务）。
- » 使用单张信用卡 30% 以上的额度。
- » 注销旧信用卡。
- » 不必要地申请新信用卡。

提升信用

定义

借款人　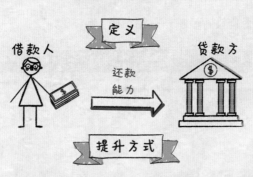　贷款方

还款能力

提升方式

避免：

逾期还款 ✗

使用单张信用卡30%以上的额度 ✗

注销旧信用卡 ✗

不必要地申请新信用卡 ✗

务必：

✓ 按时支付账单

✓ 每月还清信用卡

✓ 检查你的信用报告

✓ 接受额度增加

为何重要？

信用报告 ✓　信用更好　＝　低利率　＝　省钱

信用为何重要

良好的信用评分能够让你获得更优惠的贷款利率，从而为你省下真金白银。

下表是信用状况不同的两位购房者的房贷按揭对比，他们都希望申请一笔 20 万美元的贷款，贷款期限为 30 年。信用评分更高的借款人可以在整个贷款期限内节省高达 10 万美元的利息。

信用状况	期限	余额	利率	月付	全部利息
信用良好	30 年	20 万美元	5%	1 074 美元	186 512 美元
信用不良	30 年	20 万美元	7.5%	1 398 美元	303 434 美元

奇闻趣事

» 信用（credit）一词源于拉丁语单词"*credere*"，意思是"信任"。
» 提升信用可能意味着提高你在 CreditScoreDating.com[1] 上的桃花运。

要点回顾

» 为了提升信用，你需要确保按时支付所有账单并每月还清信用卡余额。
» 避免申请新信用卡、注销旧信用卡以及使用单张信用卡 30% 以上的额度。
» 拥有良好的信用记录可以让你更容易借到钱或者租到公寓，同时可以让你在申请抵押贷款或者其他大额贷款时节省真金白银。

1　CreditScoreDating.Com：一个相亲网站，面向关注潜在追求者的财务状况的用户。

罗马不是一天建成的，碧昂丝（美国歌星）的唱功不是一天练成的，良好的信用也是如此。

——餐巾纸金融公司

FICO 信用评分

虽然你经常听到"信用评分"这个词，但实际上你有多种信用评分——说不定有数百种。FICO 信用评分可能是其中最常见且最知名的一种。FICO 信用评分得名于计算信用评分的公司——费埃哲公司（Fair Isaac Corporation）。

良好的 FICO 评分

FICO 评分范围为 300~850，分数越高，信用越好。

评分范围	良好程度	用户占比
800~850	优秀	22%
700~799	良好	36%
600~699	较差	23%
300~599	极差	19%

评分构成

FICO 评分主要由五大要素构成，它们的重要性有所不同。

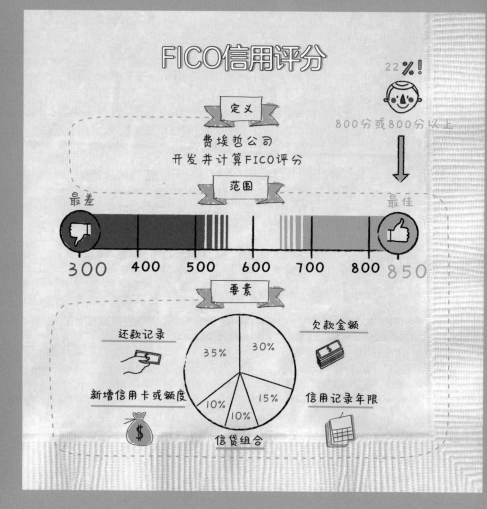

要素	评分比重	具体要求
还款记录	35%，最重要	过去你是否按时还款或有过账单逾期?
欠款金额	30%，非常重要	你是刷爆了信用卡，还是只使用总额度的一小部分?
信用记录年限	15%，较重要	你的信用记录年限长吗? （越长越好）
新增信用卡或额度	10%，最不重要	在过去一个月里，你是否申请了20张新信用卡，或者你是否有节制地使用新增信用额度?
信贷组合	10%，最不重要	你是只有一张信用卡，还是有助学贷款、抵押贷款或者其他类型的贷款?

奇闻趣事

» 费埃哲公司的名字并不是为了宣传评分公正，而是因为公司两个创始人分别是威廉·费尔（William Fair）和厄尔·艾萨克（Earl Isaac）。相比而言，"威廉 – 厄尔评分"就没那么朗朗上口。

» UltraFICO信用评分是一种新型的信用评分，主要衡量个人在银行的现金存款，对于那些无信用记录或者信用记录不稳定的人有所帮助。

要点回顾

» FICO评分大概是最常见且最广为人知的一种信用评分体系。

» FICO评分的范围为300~850，分数越高，信用越好。

» FICO信用评分中最重要的要素是良好的还款记录。欠款金额、信用记录年限和其他因素也很重要。

没有比口臭或次级FICO评分更让人反感的事了。

——**餐巾纸金融公司**

章节测验

1. **信用是指：**

   A. 信用卡发明人的名字。

   B. 个人犯罪记录。

   C. 借款人的信誉。

   D. 电影《洛奇》（*Rocky*）的续集。

2. **三大征信机构不包括下面哪一家：**

   A. 全美人寿。

   B. 环联。

   C. 艾克飞。

   D. 益博睿。

3. **判断题：一份未支付的医疗账单可能会成为个人信用报告中的一项不良记录。**

   □ 正确　　　　　□ 错误

4. **以下哪项不能帮你提升信用：**

   A. 支付账单。

   B. 只要有人向你推荐信用卡，你就办一张。

   C. 每月还清信用卡余额。

   D. 定期检查信用报告是否有错误。

5. **影响信用评分的行为不包括下列哪项：**

   A. 逾期还款。

   B. 刷爆信用卡。

   C. 把信用卡冻到冰块中，让它没法用。

   D. 只要有人向你推荐信用卡，你就办一张。

6. **下列哪种情况会用到信用记录和信用评分：**

　A. 申请工作。

　B. 现金购车。

　C. 考试加分。

　D. 写结婚誓词。

7. **判断题：注销不再使用的旧信用卡有助于提高信用评分。**

　□ 正确　　　　　　□ 错误

8. **使用信用卡付款时，你是在：**

　A. 快乐地等着刷卡机工作。

　B. 向旁人展示你的富有、出色和无忧无虑。

　C. 花虚拟货币。这又不是真的！

　D. 从发卡机构借钱，以后必须偿还。

9. **信用卡逾期还款：**

　A. 是在故作冷漠。

　B. 如果一年不到一次，就没什么大不了的。

　C. 真正的死亡。

　D. 是应该避免的大事，不过还可以恢复。

10. **判断题：适度使用信用卡有助于建立良好的信用记录。**

　□ 正确　　　　　　□ 错误

11. **判断题：使用借记卡付款通常可以让你获得更多的奖励积分。**

　□ 正确　　　　　　□ 错误

12. **FICO 评分是：**

　A. 决定你能否成为成功人士和快乐人士的唯一因素。

　B. 最知名的信用评分类型。

　C. 薪水指数。

　D. 你在《堡垒之夜》(*Fortnite*) 中能获得的最高分数。

13. **表示优秀的 FICO 评分范围是：**

    A. 0~100。

    B. 900~1000。

    C. 800~850。

    D. 867~5309（"詹妮，我拿到了你的 FICO 分数"）。

14. **判断题：较短年限的信用记录更好，因为它说明你在使用信用卡时很谨慎。**

    □ 正确　　　　　　□ 错误

15. **FICO 代表：**

    A. 掉进洞口（Fall Into Cave Openings）。

    B. 我终于能办信用卡了（The Finally, I Can Open a credit card act）。

    C. 联邦保险捐助组织（The Federal Insurance Contributions Organization）。

    D. 费埃哲公司。

答　案

1. C　　2. A　　　3. 正确　　4. B　　5. C　　　6. A　　　7. 错误　　8. D

9. D　　10. 正确　　11. 错误　　12. B　　13. C　　14. 错误　　15. D

第三章

买低卖高的投资

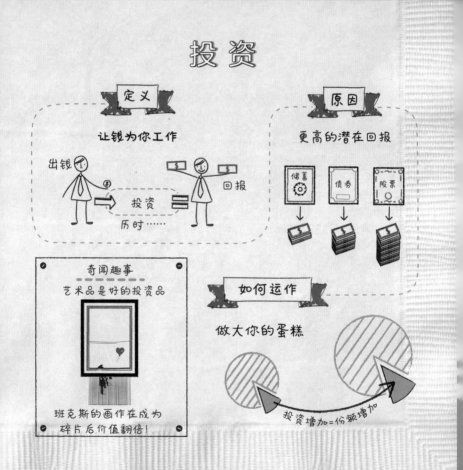

投资

定义

让钱为你工作

出钱 → 投资 → 回报

历时……

原因

更高的潜在回报

储蓄　债券　股票

奇闻趣事

艺术品是好的投资品

班克斯的画作在成为碎片后价值翻倍!

如何运作

做大你的蛋糕

投资增加=份额增加

投　资

投资是让钱为你工作并为你赚取回报。

你大概已经做了各种各样的投资。当你投资教育时，你所期待的回报大概是更高的薪水或者一份有前景的工作。当你投资限量版潮鞋时，你所期待的回报也许是他人的赞美或社会地位。

不过，当涉及财务时，投资是通过股票、债券或其他风险投资赚取利润。

> 你知道有多少人是靠储蓄成为百万富翁的？
>
> ——罗伯特·G. 艾伦，
> 投资人兼作家

为何投资

投资是一种有效的财富增长方式，因为有史以来投资股票和共同基金的人都能获得巨大的长期回报。想一想，把钱存入储蓄账户，你会赚取 0.1% 的利息，而把钱投资于年均回报率为 10% 的美股市场，你将会赚取多少利润？

投资方向	本金	回报率	投资期限	最终金额
储蓄	10 000 美元	0.1% / 年	20 年	10 202 美元
股票	10 000 美元	10% / 年	20 年	67 275 美元

当然，投资实际上有起有落，每年并不总能获得稳定的回报。不过从长期来看，投资通常比其他选择更能让你快速积累财富。

如何进行投资

从长期来看，股票行情基本上呈上升趋势，因为人口增长和科技进步将促使经济不断发展。全球人口越多意味着购物的人越多，而科技进步能够提高工人的生产力并孕育新机遇。随着时间的推移，这两个因素都能帮助公司卖出更多产品并赚取更多利润。投资能够让你从中分一杯羹。

投资的基本步骤如下：

第一步：通过购买一家公司的股权（比如购买股票）或者把钱借给一家公司（比如购买债券）进行投资。

第二步：这家公司销售产品并发展壮大。

第三步：当你的股权增值时，你可以卖掉股票以获取利润。或者，这家公司连本带利将钱还给你。

投资并不仅限于股票。你还可以投资房产、货币、古董车、艺术品等。

奇闻趣事

» 艺术品是非常好的投资品。据报道，班克斯的画作《女孩与气球》（*Girl with Balloon*）在 2018 年苏富比拍卖会上自毁之后价格翻了一倍。

» 致富并不需要有钱。沃伦·巴菲特的财富积累始于他送报纸的收入。他在 11 岁时购买了第一只股票。那只股票属于城市服务（Cities Service）公司，其后来发展成为希戈（Citgo）石油公司。

要点回顾

» 投资就是让钱工作，为你赚取利润或回报。

» 将钱投资于股票和债券等，它们可以为你带来巨大的长期回报。

» 投资之所以能获得回报，是因为经济会随着时间的推移而不断增长，这意味着公司能够售出更多产品并赚取更多利润。

如果需要投资建议，请给你的证券经纪人打电话；如果需要生活建议，请给你的妈妈打电话。

——餐巾纸金融公司

资产类别

资产类别是投资品的主要分类。它们是投资的基础模块，你可以用它们构建一个全面的投资组合。

主要资产类别

股　票

» 当你购买股票时，你就成了一家公司的股东之一。

» 如果股价上涨，你就会获得回报——通常在公司利润增加的时候。

» 有些股票还有分红，即定期分配给股东的少量现金或股份。

» 许多人在纽约证券交易所等证券交易机构进行交易，还有一些人则通过经纪人进行非正式交易。

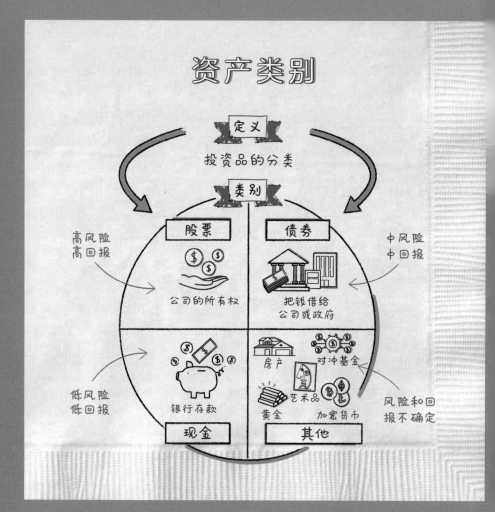

资产类别

定义

投资品的分类

类别

高风险
高回报

股票
公司的所有权

债券
把钱借给
公司或政府

中风险
中回报

低风险
低回报

现金
银行存款

其他
房产 对冲基金
艺术品
黄金 加密货币

风险和回
报不确定

债 券

» 当你购买债券时，你就成了债券发行实体（通常是公司或政府）的贷款方。

» 购买大多数债券，你都会获得利息作为回报。

» 通常，你会在债券到期时收回初始投资。

» 债券通常不在交易所进行交易，但你可以通过经纪人来购买或出售债券。

现 金

» 现金包括你放在钱包和存入银行的钱。

» 如果将现金存入一个生息账户，你就会获得少量利息作为回报。

» 与股票和债券不同，存在银行的现金通常有最高 25 万美元的保额，因此很安全。

其 他

» 其他资产类别包括房产、对冲基金、私募股权、加密货币以及黄金等大宗商品，或其他不确定类别的资产。

» 投资房产，你可能会在租户支付租金时获得回报。

» 加密货币和黄金等资产类别不承诺任何回报，投资者只是押注他们持有的加密货币、黄金或其他资产的价格会上涨。

奇闻趣事

» 你能想到的东西都能进行投资——曾经有过靠押注天气、中国古陶器以及谁会死去而赚钱的投资基金。

» 尽管房产有时被吹捧为一种万无一失的投资品，但股票能带来更好的长期回报。

要点回顾

» 诸如股票和债券等资产类别是投资的基础模块。

» 股票是一家公司的股权，通常在公司利润上升时增值。

» 债券是向公司或其他实体发放的贷款，投资者可以在借款方还清债务之前一直获得回报。

» 许多投资行为被划入其他投资类型。

典型的资产类别包括股票、债券、房产、现金以及零资产。

——**餐巾纸金融公司**

分散投资

分散投资是指将钱投资于不同的资产类别。这相当于赌场上的分散赌注。

> 不要大海捞针，仅需买下这个干草堆。
>
> ——约翰·博格尔，
> 指数投资发明者

分散投资的好处

投资界存在很多争议，但投资专家一致认为分散投资是一项伟大的策略，它的优势包括：

» 低风险。当你的投资组合有一两项表现不佳时，你的钱越分散，你需要承担的损失就越小。

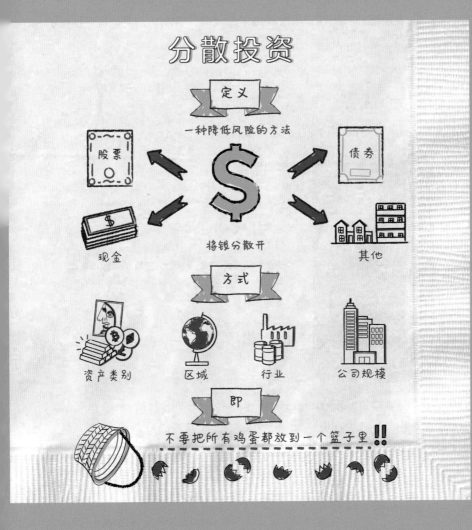

» 更容易找到优胜投资品。每个投资者都希望碰到下一个谷歌或亚马逊。你拥有的投资品越多，你成功的机会就越大。
» 表现稳健。任何一项投资每年都会有价格波动，但持有多种投资品通常能降低波动性。

分散投资的方式

你可以从不同角度来进行分散投资。

资产类别	考虑持有股票、债券、现金等各种资产
区域	美国是一个适合投资的好地方，不过当美国经济不景气时，在其他国家投资可能会有更好的回报
行业	在某些年份投资科技公司可能是最好的选择，而在其他年份投资石油公司（或其他行业）可能是最好的选择，所以你应该投资多个行业
债券类型	在债券投资方面，你可以考虑同时持有企业债券、国家债券以及当地政府债券
公司规模	小公司在经济形势良好时往往表现得更好，而大公司在经济萧条时会更稳健，你可以考虑同时投资

奇闻趣事

» 分散投资（diversification）一词由拉丁语单词“*diversus*”和“*faciō*”构成，前者意为“向不同方向的”，而后者意为“制造”或“做”。
» 一些投资者将贵金属作为分散投资的一种选择。当股市暴跌，投资者寻求避风港时，黄金通常表现良好。

要点回顾

» 分散投资是将你的钱分散开并投资于不同领域。

» 分散投资的好处包括风险低、持有优胜投资品的机会大、表现稳健。

» 你可以通过选择不同的资产类别、国家和行业来进行分散投资。

分散投资是一项伟大的投资策略，就像一道美味的奶酪拼盘。

——**餐巾纸金融公司**

风险与回报

所有投资都有风险。在金融投资中，风险通常与回报挂钩。这意味着回报潜力高的投资通常可能伴随着巨大的风险，而安全的投资通常回报不高。

什么是风险

投资者经常通过投资的价格波动程度，即波动性来看待风险。

一些专家认为，波动性并不能说明所有类型的风险的特征。例如，投资者在伯尼·麦道夫（史上规模最大投资诈骗案的制造者）名下的账户显示出非常稳定的回报。这么看来，从技术上讲，持续亏损的投资可能是"低风险"投资。

但是，波动性仍然是了解投资风险的捷径。

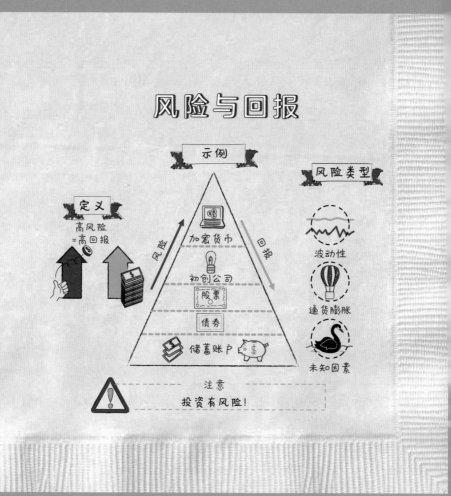

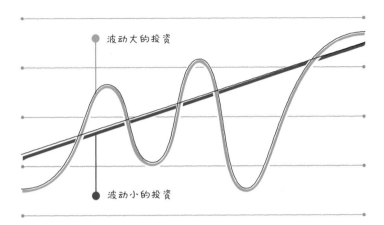

投资的风险回报比

由于风险和回报密不可分，因此你可以根据投资类型的风险和潜在回报对其进行排名。

投资类型	风险级别	原因
加密货币	XXXXX	一些加密货币最后会变得一文不值，而另一些加密货币可能让你一夜暴富
初创公司	XXXX	有的初创公司会大获成功，有的会突然破产，其他的则会在中途偃旗息鼓
股票	XXX	股票的价格会波动，但从长期来看，它们通常会带来可观的回报——平均每年约 10%
债券	XX	债券的价格也有涨有跌，但波动性通常没有股票强。从长期来看，债券的年均收益率约为 5%
储蓄账户	X	储蓄账户享有联邦政府最高达 25 万美元的保额，因此如果你的存款在该限额内，则你赔本的概率为 0，但你每年只能赚取 0.1% 的利息

恰当平衡风险与回报可以说是投资中最重要的环节。风险回报平衡可以用资产配置来描述。

奇闻趣事

» 女性在投资上往往比男性更为保守，但她们仍能获得更高的回报（平均而言）——这有违风险与回报的规律，但可能是因为她们进行的交易较少。

» 还记得那句话吗，你能想到的东西都能进行投资？有的投资策略就是投资波动性本身，这意味着你在市场表现不佳时赚钱，而在市场表现平稳时赔钱。

要点回顾

» 投资总是与风险相伴。

» 潜在回报高的投资通常风险也高。

» 许多投资者将风险视为投资的价格波动程度，但投资也可能存在其他类型的风险。

一定要权衡投资的风险与回报，从流动餐车购买午餐也是如此。

——**餐巾纸金融公司**

资产配置

资产配置是一种以百分比的形式来描述你所拥有的资产的方式。如果你名下有 1 000 美元且全部都存在活期账户中，那你的资产配置为 100% 的现金。如果你有 10 000 美元，而其中的一半都投资于限量鞋收藏，那么你的资产配置的 50% 为鞋子（这一定会让你看起来与众不同）。

当谈到资产配置时，人们通常是指投资账户。选择合适的资产配置主要关乎你能承担的风险大小。

好　处

选择合适的资产配置有以下优势：

» 增加回报。
» 降低投资组合的风险。
» 让你对自己的投资策略更有信心。
» 让你更容易坚持一项投资计划（这也有助于你获得回报）。

确定个人资产配置

决定你的资产配置的两个主要因素是时间跨度和风险偏好。

» 时间跨度——你持有一种资产的时间越长，你能承担的风险就越大。这是因为如果市场行情下跌，你可以在较长的时间跨度内等待价格反弹。
» 风险偏好——如果你看到自己的投资表现糟糕就惊慌失措，那你可能不想进行高风险投资。如果你可以忍受价格波动，那你可以承担更多风险。

资产配置

定义

将钱投资于不同的资产类别

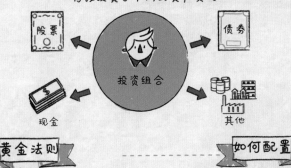

股票 ← 投资组合 → 债券

现金 ← → 其他

黄金法则　　　　　　　**如何配置**

120-你的年龄=你应该持有的股票数量

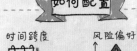

时间跨度　＋　风险偏好

= 你的最佳投资组合

✔　　　✔　　　✔　　　✔　　　✔

好处 — 增加回报 — 降低风险 — 获得信心 — 坚持投资

总而言之

当你确定了自己能够承担的风险后，你就可以进行高水平的资产配置。

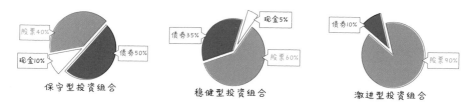

保守型投资组合　　　稳健型投资组合　　　激进型投资组合

奇闻趣事

» 沃伦·巴菲特喜欢简单的资产配置。他曾说过，将投资组合中 90% 的资产投资于标准普尔 500 指数基金、10% 投资于国债，通常会超越高端基金经理的业绩。

» 选择资产配置的黄金法则是用 120 减去你的年龄，得出你应该持有的股票数量，然后将剩余的钱投资于债券。

要点回顾

» 资产配置是用百分比形式描述具体投资情况的一种方式。

» 选择合适的资产配置可以增加你的回报，并让你对自己的投资更满意。

» 选择正确的资产配置主要是选择恰当的风险水平，你应该将投资的时间跨度和风险偏好考虑在内。

自我调养包括冥想、去角质和确定资产配置。

——餐巾纸金融公司

智能投顾

智能投顾是一种代替真人管理资产的计算机程序。

智能投顾的概念最早由英国贝特曼和财富前线这类初创公司提出。但这个概念如今大获成功，以至嘉信理财、富达和先锋等金融巨头也开始参与其中。

如何运作

第一步：通过智能投顾公司创建一个线上账户，然后为账户注资。

第二步：回答一些有关投资目标、时间跨度和风险偏好的基本问题。

第三步：智能投顾会根据你的答案创建一个投资组合。它们通常会使用不同的预设投资策略和投资组合。

第四步：智能投顾将你的资金投到所选的投资组合中。

第五步：智能投顾会监控你的投资组合，并根据市场动向、你选择的策略或你的风险状况进行交易。

交　易

智能投顾和传统的真人财务顾问有一些重要的区别。

项　目	智能投顾	传统顾问
费用	普遍较低，例如每年 0.25%	适中或较高，比如每年 1%
建议的质量	公正客观	定制化、主观
投资选择	有限，但通常都是可靠的选择	因顾问不同而不同

智能投顾

自动化投资

定义

用于管理资产的计算机程序

运作方式　第一步：回答问题

 → 第二步：智能投顾生成投资组合模型 第三步：自动进行持续管理

智能投顾与真人顾问

　公正　　定制化

费用低　　　费用适中

税收优惠　　　情感支持

（续表）

项　目	智能投顾	传统顾问
好处	通常使用特殊交易策略来减少投资回报所需缴纳的税金	当你对自己的投资感到焦虑时，你能找到信任的人倾诉
适用情况	你的需求相当简单且对投资得心应手	你的需求较为复杂且希望有人辅助

奇闻趣事

» 智能投顾所管理的资产从 2008 年的 0 美元猛增到 2012 年的 10 亿美元，再到 2017 年的 2 000 亿美元，预计 2025 年将达到 16 万亿美元。

» 一些智能投顾公司已经开始提供理财顾问的电话服务（不过还是由计算机来处理投资决策），因为即便是千禧一代，也希望时不时和真人互动一下。

要点回顾

» 智能投顾是一种管理资产的计算机程序。

» 智能投顾有多种可选的预设投资组合或策略，以匹配用户的风险偏好。

» 与真人顾问相比，智能投顾通常收费较低，但提供的情感支持较少。

如果你希望不用穿长裤就可以获得财务建议，找智能投顾就对了。

——餐巾纸金融公司

章节测验

1. **投资是：**

　　A. 基本上等于赌博，但更容易被社会接受。

　　B. 一种成为全球 1% 有钱人的稳妥方式。

　　C. 把两美元纸币放入一个罐子，希望它们能生出更多钱。

　　D. 一种个人分享广义经济增长的方式。

2. **判断题：储蓄账户是很好的长期投资，因为它们能够保证你的资金安全。**

　　□ 正确　　　　　　　□ 错误

3. **主要的投资资产类别为：**

　　A. 股票、基金、股份和债券。

　　B. 股票、债券、现金和其他。

　　C. 床垫下的现金、旧袜子里的硬币和埋在后院的金条。

　　D. 克洛艾、金、考特妮、肯德尔和凯莉。

4. **股票是：**

　　A. 公司所有权的一部分。

　　B. 存放股票凭证的旧袜子的名称。

　　C. 汤里的一种配料。

　　D. 一种让投资免税的账户。

5. **其他资产类别不包括：**

　　A. 对冲基金。

　　B. 首饰。

　　C. 股票。

　　D. 涅槃乐队的纪念品。

6. **分散投资是：**

A. 为了收益最大化而在交易日全天买卖的策略。

B. 通过不同类型的投资来分散资金的策略。

C. 少缴纳投资税的策略。

D. 情景喜剧《老友记》中所没有的。

7. **判断题：分散投资可以降低投资组合的风险，使你的收益保持平稳。**

☐ 正确　　　　　☐ 错误

8. **分散投资的方法不包括：**

A. 在不同国家投资。

B. 对不同行业投资。

C. 投资一些小公司和一些大公司。

D. 投资名字以不同字母开头的公司。

9. **判断题：回报高的投资通常具有较低的风险。**

☐ 正确　　　　　☐ 错误

10. **判断风险的主要方式是看一项投资的价格如何变动，即：**

A. 能动性。

B. 超流动性。

C. 波动性。

D. 生育力。

11. **下列哪种投资类型风险大：**

A. 存单。

B. 加密货币。

C. 债券。

D. 优先股。

12. **下列哪种投资类型非常安全：**

   A. 老式摩托车。

   B. 低档债券。

   C. 电影通（MoviePass）的股票。

   D. 储蓄账户。

13. **资产配置是指：**

   A. 你所拥有的不同资产类型的占比。

   B. 你的国内账户和海外账户分别持有的投资。

   C. 你在相亲资料中的亮点。

   D. 一种新型的美容手术。

14. **合适的资产配置主要取决于：**

   A. 你有多少钱以及你感觉自己有多幸运。

   B. 你的生理年龄减去你的实际成熟程度。

   C. 投资时间跨度和个人风险偏好。

   D. 你在照片墙（Instagram）上有多少粉丝。

15. **判断题：你可以仅凭年龄算出一个合适的资产配置起点。**

   □ 正确　　　　　　　□ 错误

16. **智能投顾是：**

   A. 选择赢利股票的算法。

   B. 一种自动管理投资的计算机程序。

   C. 在智能交易应用程序中购买和装扮的数字宠物。

   D. 500万年前殖民地球的外星机器人种族。

17. **智能投顾的优点不包括：**

   A. 费用低廉。

   B. 建议公正。

C. 税收优惠。

D. 投资选择多。

18. **与智能投顾相比，真人顾问的最大优势是：**

A. 更强的监管保护。

B. 如果投资失败，你可以趴在他们的肩膀上哭。

C. 费用低。

D. 你可以冲着一个活人喊叫。

答　案

1.D　2. 错误 3.B　　4.A　　5.C　　6.B　　　7. 正确　8.D　9. 错误

10.C　11.B　　12.D　　13.A　14.C　　15. 正确　16.B　　7.D　　18.B

第四章

大学学费规划

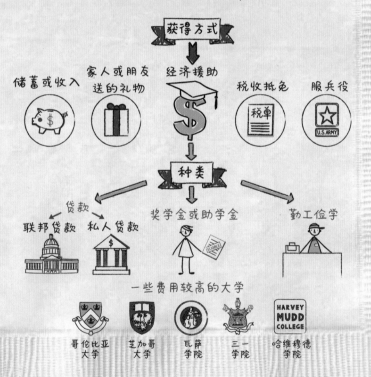

支付大学学费

上大学除了要好好学习，你还需要花费大量现金。具体来说，州内公立大学平均每年的食宿和书本费用约为 26 000 美元；私立大学平均每年的费用是公立大学的两倍多——53 000 美元。

这些费用每年以约 6% 的速度递增。按照这样的速度，20 年后，拿到大学学位至少需要 50 万美元。

资金来源

如果你没有一个有钱的姑妈资助你接受高等教育，你怎样筹到钱？普通大学生的资金来源如下图所示：

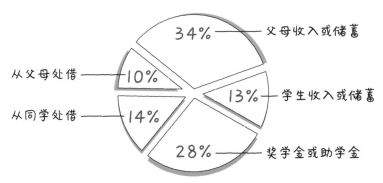

注：由于进位关系，百分比总和不为100%。

支付方式

大学学费的基本来源有：

» 收入和储蓄——你和父母可能都需要付出很多。

» 奖学金和助学金——一笔免费的钱！学校的经济援助部门可以为你提供帮助，但你也要自己想办法获得私人奖学金。

» 勤工俭学——这样做的好处是不会影响你的经济援助资格（其他工作会影响）。

> 投资知识的回报率最高。
>
> ——本杰明·富兰克林，
> 美国政治家

» 联邦贷款——向政府借钱，通常利率很低。如果你在还款时遇到困难，政府会为这些贷款提供一定保障，例如直接补贴贷款和直接无补贴贷款。

» 私人贷款——向私人实体借钱，通常利率高、保障少，而且需要父母的签字。

» 税收抵免——你可以针对学费和其他一些费用申请税收抵免。

» 服兵役——如果你读大学之前在军队服过一定时间的兵役，你就有机会获得教育福利。

奇闻趣事

» 事实上，有为素食者、左撇子、高个子（或矮个子）以及姓佐尔普的人设立的专项奖学金。

» 近年来，私立大学费用的上涨速度是通货膨胀速度的两倍多。

要点回顾

» 上大学要花很多钱。

» 大多数家庭需要综合利用储蓄、收入、助学金、奖学金和贷款，才能负担得起孩子的大学费用。

大学教育很重要，只有这样你才能找到一份好工作来为你的大学教育买单。

——餐巾纸金融公司

助学贷款

助学贷款可以是任何一种用于支付教育费用的借入款项。尽管从字面意思来看，这项贷款只提供给学生本人，但父母也可以为支付孩子的教育费用而申请贷款。

类　型

助学贷款主要有两种：联邦贷款和私人贷款。联邦贷款由联邦政府提供，有以下几类：

» 直接补贴联邦贷款——为经济困难的学生提供的低息贷款。在上学期间，贷款不产生利息。

» 直接无补贴联邦贷款——为非经济困难的学生提供的低息贷款。在上学期间，贷款会产生利息。

» 父母资质贷款（Parent PLUS[1] loans）——为通过信用检查并获得资格的父母提供的贷款，利率适中。父母必须在孩子上学期间就开始偿还贷款。

» 联邦珀金斯贷款（Federal Perkins loans）——为有严重经济困难

1　PLUS 是 Parent Loan for Undergraduate Students 的缩写。——译者注

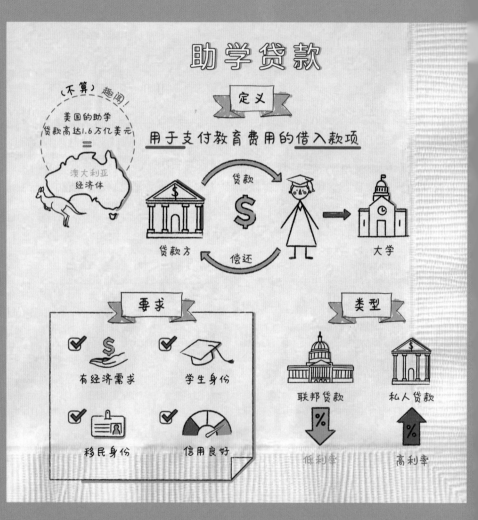

的学生提供的低息贷款。该项目于2017年到期，但可以重新授权。

相反，私人贷款通常由私人金融服务公司提供，例如银行、信用合作社和学贷美（Sallie Mae）[1]。私人贷款的条款取决于贷款方。

如何获得贷款资格

根据贷款方的要求和贷款类型，你需要满足以下条件：

» 有经济需求。
» 至少是兼职学生的身份。
» 拥有公民身份或移民身份。
» 拥有良好的信用记录。

建　议

私人贷款的利率比联邦贷款利率高，并且其对遭遇还款难题的借款方容忍度较低，因此，你在申请私人贷款时要谨慎。

奇闻趣事

» 在美国，助学贷款高达1.6万亿美元。如果把它看作一个经济体，它将是世界第十三大经济体（相当于澳大利亚的经济规模）。

» 50%以上有助学贷款的人误以为他们的还款金额取决于自己的收入情况；近10%的人误以为，如果找不到工作，他们就不必偿还贷款。（事实上，除非你另有安排，否则还款金额取决于你的贷款额、贷款期限以及利率。是的，即使找不到工作，你也必须还贷。）

1　学贷美是美国最大的教育贷款公司。

要点回顾

» 助学贷款是用于支付教育费用的借款。

» 助学贷款主要分为联邦贷款和私人贷款。在通常情况下，联邦贷款利率较低，并为借款人提供额外的保障。

» 根据贷款类型，你必须有经济需求证明、良好的信用记录、学生身份和移民身份才能获得贷款资格。

抗衰老法宝：助学贷款尚未还清，感觉自己依旧年轻。

——餐巾纸金融公司

联邦政府助学金免费申请

联邦政府助学金免费申请（free application for federal student aid，缩写为 FAFSA）表是学生每年在申请经济援助过程中填写的一种表格。

操作步骤

第一步：申请联邦助学账号和密码。

第二步：收集所需材料，等待提交（申请学年前一年的 10 月 1 日开放）。

第三步：在联邦政府助学金免费申请官方网站 studentaid.ed.gov 上填写表格。

第四步：填完表格后，查看助学报告。助学报告包含你输入的

联邦政府助学金免费申请

定义

申请经济援助

为何重要

免费的钱

$

上大学

F REE
A PPLICATION FOR
F EDERAL
S TUDENT
A ID

主要目的

计算家庭的预期
可支付金额

=

家庭的预期
教育供款

入学成本 — 家庭预期供款 = 经济需求

时间

10月1日开放申请

所需材料

联邦助
学账号　美国社会保障号码　纳税申报单　收入记录　账户流水

详细信息，并显示你的"家庭预期供款"，即你的家庭有能力支付的金额。

第五步：你所申请的学校通过联邦政府助学金免费申请网站接收你的财务信息。学校的入学费用减去你的家庭预期供款，就是你可以获得的援助金额。

第六步：在通常情况下，学校会在 3 月或 4 月发出经济援助函。

为什么重要

联邦政府每年发放超过 1 200 亿美元的助学金。很多州和学校也会参照联邦政府助学金免费申请网站上的信息发放助学金（例如学校专项奖学金）。

所需材料

要完成申请表，你通常需要以下材料：

» 社会保障号码。
» 最近的纳税申报单（如果你等于或小于 24 岁或是被抚养人，则需要你父母的纳税申报单）。
» 银行流水或经纪业务流水。
» 其他任何收入记录。

> 向学生提供经济援助让他们上大学是一回事，设计出适合学生填写的表格是另一回事。
>
> ——卡斯·桑斯汀，
> 法学学者

奇闻趣事

» 申请助学金常犯的一个错误是父母不小心输入了自己的信息，而不是孩子的。

» 这项申请之所以冠名"免费",是因为不收取任何费用,但某些山寨的私人网站仍想借填写申请信息之名向申请者收费。(提示:在填写联邦政府助学金免费申请表的过程中,不需要提供任何信用卡信息。)

要点回顾

» 联邦政府助学金免费申请表是一种用于申请经济援助的表格。
» 按时填写联邦政府助学金免费申请表,你就能获得申请多种类型援助的资格,包括基于需求和基于成绩的援助,以及联邦、州和学校特有的援助。

联邦政府助学金免费申请中心:"我们看到你父母吃午餐时额外加了鳄梨调味酱……你一定不需要任何帮助。"

——餐巾纸金融公司

---

529 计划

529 计划是由州政府或教育机构运营的一种有税收优惠的大学储蓄账户。该计划有点像提供大学教育基金的 401 (k) 计划,得名于授权该账户的相关税法条款。

种 类

529 计划有两种类型:

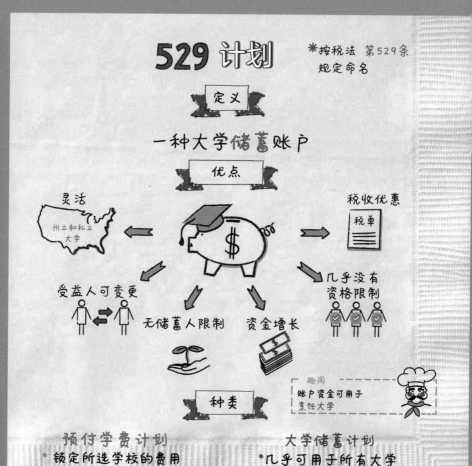

529 计划

*按税法 第529条 规定命名

定义

一种大学储蓄账户

优点

灵活
州立和私立大学

税收优惠
税单

受益人可变更

无储蓄人限制

资金增长

几乎没有资格限制

趣闻
账户资金可用于烹饪大学

种类

预付学费计划
·锁定所选学校的费用

大学储蓄计划
·几乎可用于所有大学

» 大学储蓄计划——账户资金几乎可用于所有美国大学。
» 预付学费计划——父母可以按照现行的学费支付孩子未来的大学学费（但孩子未来上学的地方可能受限）。

毫无疑问，更灵活的大学储蓄计划往往更受欢迎。

优 点

529 计划的主要优点包括：

» 税收优惠——只要资金用途符合条件，存入 529 账户的钱可免税增长，也可以免税支取。根据你所选州的计划以及居住地，你还有机会获得州税减免。
» 潜在资金增长——529 计划含有多种投资选择，所以你的钱可以增长。
» 无储蓄人限制——奶奶的生日支票可以直接存入 529 账户。
» 几乎没有资格限制——即使是高收入家庭，也可以使用该计划。
» 灵活——你可以投资任何一个州的 529 计划；来自任何州的 529 计划都可以用于 6 000 多所学校中的任何一所。
» 受益人可变更——如果孩子（或其他受益人）没有上大学，那么你可将受益人更改为其他人（包括你自己）。

缺 点

529 计划的最大缺点是取款受限。如果取款用于非教育性支出，你通常要支付取款金额 10% 的罚款，还要支付取款收益的所得税。

奇闻趣事

» 529 账户内的资产可用于支付职业学校的费用，例如烹饪学校、表演学校和按摩疗法学校（但不包括小丑学院）。

» 529 账户内的资产也可用于支付国外学校的费用，例如开曼群岛、圣马丁岛和圣约翰岛的一些学校。

» 相较于女孩，父母为男孩储蓄的大学教育资金更多。

要点回顾

» 529 计划可以帮助家庭存储孩子读大学的费用。

» 常见的 529 储蓄账户相当于提供大学教育基金的 401（k）计划。529 预付学费计划允许父母按照现行的学费支付孩子未来的大学学费。

» 529 计划的优点包括税收优惠、灵活和受益人可变更。

大学之路并不是金砖铺成的，但如果你加入 529 计划，大学之路就可以享受多种税收优惠。

——餐巾纸金融公司

还清助学贷款

你好像只能在余生慢慢地偿还助学贷款，甚至还到身心俱疲。事实上，基于不同的还款诉求（尽快还清还是慢慢还款），你可以有多种选择。

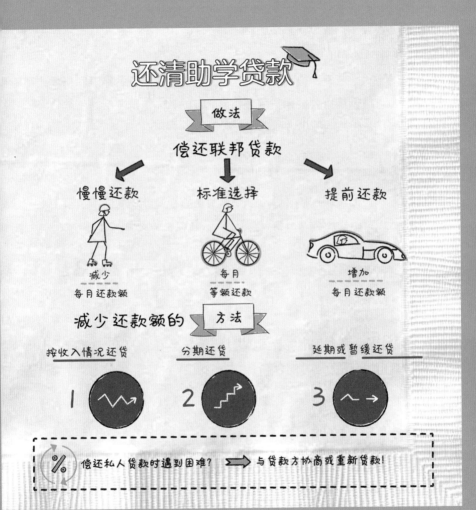

标准选择

联邦贷款默认 10 年还款期限，每月还款金额相等。这种模式适合毕业后马上能赚大钱的人；对于有些人来说，前几年还款压力实在太大。

对于私人贷款，你可能在贷款时就已经同意了贷款期限和还款计划。私人贷款的条款会因贷款方和借款方的具体情况（例如借款金额以及家长是否共同签名）而存在很大差异。

提前还款

如果情况允许，你可以考虑每月偿还高于最低还款额的金额（无论是联邦贷款还是私人贷款），这样可以节省利息支出。

如果有多笔贷款，你可以考虑增加利息最高的贷款（大部分是私人贷款）的每月还款额。

慢慢还款

如果你还贷时遇到经济困难，基于贷款类型，你可以有不同的选择。如果是联邦贷款，你有如下选择：

» 按收入情况还贷——还款金额由你的收入状况决定。如果薪水增加，你就可以更快还清贷款；即使薪水不涨，你也不至于陷入财务危机。

» 分期还贷或延长分期还贷——在这种模式下，还贷金额一开始很低，之后按照预设时间表慢慢增加。

» 延期或暂缓还贷——这两种模式都可以暂时中止还贷，前提是你必须提出申请并满足要求。这两种还贷模式不会影响个人的信用评分，所以不要逃避还贷，你可以有更好的选择。

如果你在公共服务部门工作，你甚至可以在一定工作年限后获得免还联邦贷款的资格。

如果你在偿还私人贷款时遇到困难，你可以与贷款方协商暂停还贷或调整还贷条款。如果不行，你也可以试着：

» 重新贷款，低贷款利率可以减少总还款金额和每月还款额。

» 延长还贷期限，这虽然增加了总还款金额，但会降低每月还款金额。

奇闻趣事

» 想快速还清贷款吗？成为一名软件开发员吧，对于应届毕业生来说，这是高薪职业。

» 一个常见的误区是，即使一个人破产了，助学贷款也不会免除。事实上，大约 40% 的破产申请者成功免除了助学贷款（必须满足严苛的资格要求）。

» 巴拉克·奥巴马和米歇尔·奥巴马直到 40 多岁才还清助学贷款。

要点回顾

» 助学贷款会默认某种还款模式，例如联邦贷款默认每月等额还款，10 年还清。

» 如果情况允许，每月多还些贷款可以节省利息支出。

» 对于联邦贷款，选择不同的还贷模式可以减轻还贷压力。

» 私人贷款可选择的还贷方式有限，但是重新贷款可以减少每月还款额或降低利率。

> 显然，那些说钻石才是女孩心头好的人从来体会不到还清助学贷款的快感。
>
> ——餐巾纸金融公司

章节测验

1. **大学学费的主要资金来源不包括：**

   A. 储蓄和收入。

   B. 奖学金和助学金。

   C. 联邦贷款和私人贷款。

   D. 绑架有信托基金的孩子。

2. **判断题：普通大学生最主要的资金来源是贷款。**

   ☐ 正确　　　　　　☐ 错误

3. **判断题：你所在大学的经济援助中心可以提供所有可申请的助学金和奖学金。**

   ☐ 正确　　　　　　☐ 错误

4. **助学贷款的类型包括：**

   A. 有抵押贷款和无抵押贷款。

   B. 联邦贷款和私人贷款。

   C. 生的和烤的。

   D. 霍尔和奥茨（Hall and Oates）。

5. **贷款方评估是否向你提供助学贷款时参照的标准是：**

   A. 家庭资产和收入。

   B. 专业。

C. 星座。

D. 个人照片墙上的粉丝数量。

6. **判断题：私人贷款的优惠条款比联邦贷款少。**

  □ 正确　　　　　□ 错误

7. **联邦政府助学金免费申请是：**

  A. 一种受欢迎的墨西哥饮料。

  B. 上大学之前必填的一种表格。

  C. 可选填的一种经济援助表格。

  D. 新型寨卡病毒。

8. **联邦政府助学金免费申请表的主要作用是：**

  A. 证明你的家庭负担得起大学费用。

  B. 证明你不是人工智能机器人。

  C. 评估你上大学的意愿是否强烈。

  D. 计算特定年份里的家庭预期供款。

9. **判断题：联邦政府助学金免费申请表仅用于发放联邦援助。**

  □ 正确　　　　　□ 错误

10. **529 计划的两种主要类型是：**

  A. 本科和研究生计划。

  B. 大学储蓄和预付学费计划。

  C. 私人和联邦计划。

  D. 饮食计划和运动计划。

11. **529 计划的优点不包括以下哪项：**

  A. 工作包分配。

  B. 潜在的税收优惠。

  C. 通过投资让你的钱增长。

  D. 账户受益人可变更。

12. **判断题**：你可以为自己制订一个 529 计划。

    □ 正确   □ 错误

13. **判断题**：529 计划可以用来支付职业学校的费用，例如烹饪学校或表演学校。

    □ 正确   □ 错误

14. **如果你偿还助学贷款时遇到困难，你应该：**

    A. 无视还款账单，因为它只不过是一张纸而已。

    B. 搬去秘鲁。

    C. 与贷款方协商，制订一个更易于操作的还贷方案。

    D. 发明时间机，回到过去，然后读公立大学。

15. **如果无法顺利偿还联邦助学贷款，你的选择不包含以下哪项：**

    A. 延期或暂缓还贷。

    B. 按收入情况还贷。

    C. 换成分期还贷模式。

    D. 发动拇指战争。

16. **判断题**：即使破产，助学贷款也不能免除。

    □ 正确   □ 错误

答 案

1. D   2. 错误   3. 错误   4. B   5. A   6. 正确   7. C   8. D

9. 错误   10. B   11. A   12. 正确   13. 正确   14. C   15. D   16. 错误

第五章

退休规划

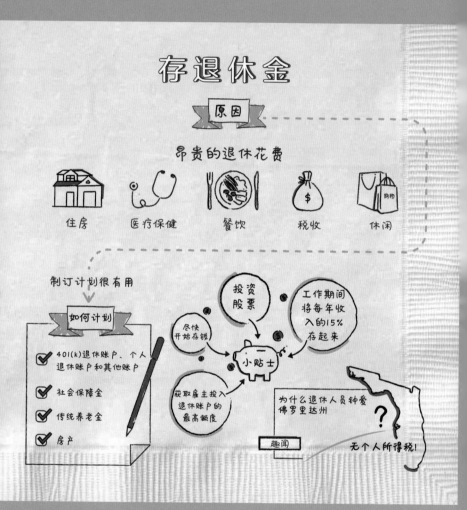

存退休金

除非你是个自给自足的有钱人或者已经加入 401（k）退休计划（若是如此，请允许我表达敬意），否则退休就是一个抽象且遥不可及的目标。如果现在不开始存钱，到了 70 多岁，你就无法在海滩上喝鸡尾酒了。

原　因

退休生活很费钱，你退休后的花费可能包括：

» 住房。
» 医疗保健。
» 餐饮。
» 税收。
» 休闲。

如何计划

你退休后的收入和资产可能包括：

» 投资和储蓄账户——包括你退休账户里的资金。
» 社会保障金——由政府承担。
» 传统养老金——前提是你之前的雇主提供此项福利。
» 房产——如果你拥有的话。

你能做什么

通常，当你工作时，社会保障金会自动缴纳。可惜的是，你无法左右雇主是否提供传统养老金的福利。

退休前，你重点要做的事就是存钱，尤其是把钱存入一个资金能够持续增长且有税收优惠的退休账户。主要的退休账户类型包括：

» 401（k）退休账户——一种多数雇主提供的延税账户。非营利组织和公立学校系统的员工使用 403（b）退休账户。
» 个人退休账户——一种可以在金融机构自行开设的延税账户。
» 罗斯 401（k）退休账户或罗斯个人退休账户——和非罗斯退休账户类似，但这两种账户允许你存入税后收入，并且在你退休后免收提款税。

小贴士

为退休储蓄足够的钱需要制订计划和付出精力，因此许多专家提出以下建议：

» 尽早开始为退休储蓄，例如，第一份工作就选择提供退休储蓄计划的公司（或自行开设个人退休账户）。
» 工作期间将年收入的 15% 存起来。
» 年轻时大量投资股票，因为从长期来看，股票能让资金快速增长。
» 在 401（k）退休账户或其他退休计划中投入足量资金，以获得雇主能够提供的最高额度资金。

> 退休就好比在拉斯维加斯度长假，我们的目的是充分享受假期，但不至于花光所有钱。
>
> ——乔纳森·克莱门茨，
> 作家

奇闻趣事

» 为什么退休人员对佛罗里达州偏爱有加？因为除了阳光和海滩，它还是美国 7 个免征个人所得税的州之一。

» 公民退休年龄最小的国家是阿拉伯联合酋长国，那里的公民 49 岁就能领取退休养老金（侨民必须等到 65 岁）。

要点回顾

» 退休生活花费很高，因此你年轻时就要开始储蓄。

» 对于很多人来说，有税收优惠的退休账户是退休储蓄的最佳选择，例如 401（k）退休账户和个人退休账户。

» 年轻时存下 15% 的年收入并大量投资股票能帮助你实现退休目标。

退休就像做蛋奶酥，你必须提前制订计划。

——餐巾纸金融公司

个人退休账户与 401（k）退休账户

个人退休账户和 401（k）退休账户是两种常见的退休储蓄账户。大多数私营企业的雇员至少拥有其中一种账户（政府雇员通常有其他选择），很多人有多个退休账户。

个人退休账户与 401（k）退休账户

两种常见的退休账户

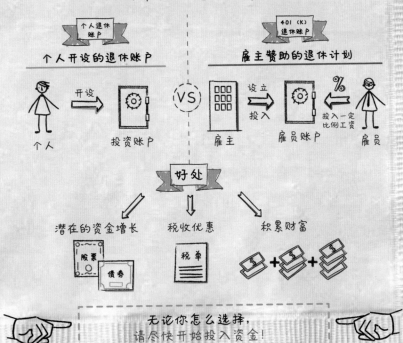

区　别

尽管这两种账户的目的一致，但它们还是有所不同，主要区别如下：

项　目	个人退休账户	401（k）退休账户
如何开户	在金融机构开户并存点钱	雇主必须资助账户，而你通过单位人事进行注册
如何供款	汇款到你的账户	开通工资自动扣除功能
何时可以使用	雇员必须满 59.5 岁才能使用账户中的钱（经济困难等特殊情况除外）	雇员必须满 59.5 岁才能使用账户中的钱（经济困难等特殊情况除外）
优势	多项投资选择；易于合并账户或将其转移到新的金融机构	免费的钱！根据你存入账户的资金，雇主也向账户存入相应数量的资金

好　处

对于退休储蓄来说，这两类账户都是不错的选择，它们的好处包括：

» 潜在的资金增长——个人退休账户和 401（k）退休账户都提供多项投资选择，因此账户内的资金会随着时间推移而不断增长。

» 税收优惠——这两类账户内资金的增长部分都可免税。

» 积累财富——对其中任一账户定期投入资金，随着账户金额不断增加，你的退休目标就能实现。

奇闻趣事

» FIRE 社区是什么？ 它和"火人"节（Burning Man camp）无关。事实上，FIRE 是"Financial Independence, Retire Early"（金融独立，提早退休）的缩写。它指千禧一代为了提早退休而发起的积极储蓄运动。

» 401（k）退休账户的平均余额略高于 10 万美元，但你也有可能成为"401（k）百万富翁"，即账户余额达到七位数的人。

要点回顾

» 个人退休账户和 401（k）退休账户是两种主要的退休储蓄账户。

» 这两种账户的主要区别在于，401（k）退休账户必须由雇主资助，而个人退休账户可以自行设立。

» 对于退休储蓄来说，401（K）退休账户和个人退休账户都是不错的选择。

个人退休账户和 401（k）退休账户能让你拥有财富，以至你的孙辈都想跟你保持联系。

——餐巾纸金融公司

社会保障

社会保障是一项政府计划，向残障人士、达到退休年龄或满足某些资格要求的人员提供资金支持。它本质上是一张全国性的安全网。

社会保障

定义

政府提供的安全网

政府计划

福利
+ 退休金
+ 残障补助金
+ 孤寡救助金
+ 医疗保险

退休人员　孤寡人士　残障人士

如何运作

第一步
做贡献

第二步
赚钱越多 → 缴费越多 → 福利越好

第三步
62岁获得资格

70岁时福利更好

你能拿到吗

不能100%保证

存在争议或资金不足

如何运作

第一步：一边工作一边供款。作为一名雇员，你会发现，根据《联邦社会保险捐助条例》，你有很大一部分薪水被扣除了（大多数人的缴纳比例约为 8%，但高收入者的比例更高）。这些钱就是你对社会保障和医疗保险的贡献。

第二步：你在职业生涯中赚钱越多，你的社会保障支出就越多，你以后享受的福利就越好。

第三步：到了 62 岁，你就有资格领取社会保障金了。不过，如果条件允许，你也可以等到 70 岁，这样你每个月领到的社会保障金更多。一旦开始领取社会保障金，你余生的每个月都能收到政府的支票。

涵盖范围

除了涵盖众所周知的退休金，社会保障还用于支持一些重要计划，包括：

» 残障补助金——残障人士可以领取的补助金。
» 孤寡救助金——如果家中主要劳动力去世，其配偶或子女有资格获取救助金。
» 医疗保险——你被扣除的薪水也会用来资助医疗保险。医疗保险是一项政府提供的惠及老年人的健康保险计划。

是非概念

你要把社会保障金当作一笔额外之财，而不是用它资助你环球旅行的黄金岁月。社会保障计划在政治上存在争议：自由派青睐强大的社会保障安全网，保守派则主张减少福利和降低税收。同时，该计划常年存在资金不足问题，并不能 100% 保证你退休后能享受相关福利。

奇闻趣事

» 你缴纳的社会保障费用会以福利的形式发放给某个地方的退休人员（这就意味着，你未来的福利将由下一代劳动力提供资金）。因此，如果我们注定要遭遇《使女的故事》（*Handmaid's Tale*）中的生育危机，那么只能祝你好运了。

» 监狱服刑人员无法享受社会保障。

» 可以说，荷兰拥有世界上最好的养老金制度，其几乎惠及所有工作人士，他们退休后可以拿到上班时年薪的 70%。

要点回顾

» 社会保障是一张政府安全网，为老人、残障人士和孤寡人士提供福利金。

» 要想在退休后享受社会保障金，你就要在工作期间缴纳相关费用。

» 社会保障金对于退休收入只是锦上添花，你可别把它当成唯一的收入来源。

小傻瓜，你得活到 62 岁才可以享受社会保障金。

——餐巾纸金融公司

遗产规划

遗产规划就是确定你身后的财产将会如何处置的过程。你需要为你的资产制订一个计划，然后以一种合法有效（法院认定为具有法律效力）的方式书写该计划。

> 我赚钱的方式很传统。在有钱的亲戚去世前，我对他们特别好。
>
> ——马尔科姆·福布斯，
> 出版商

为何重要

制订遗产规划是实现以下目标的重要方式：

» 当你发生不测时，安排家人的生活事宜。

» 跳过法院程序，更快地将财产转移给家中其他人。

» 减少税收。如果你很富有，使用某些法律策略可以帮助你少缴遗产税。

» 残障计划。通常来讲，遗产规划还包括一些文档，其中详细记录了你的意愿，以防有一天你无法自行做出决定。

» 有掌控权。也许你想确保你最好的朋友能继承某些宝贵财产，或者你不想让前配偶继承财产。有了遗产规划，这些都由你说了算。

如何安排

遗产规划基本上就是各种文档的合集，可能包含以下内容：

» 遗嘱——指定遗产继承人以及孩子（或宠物龟）的抚养人。

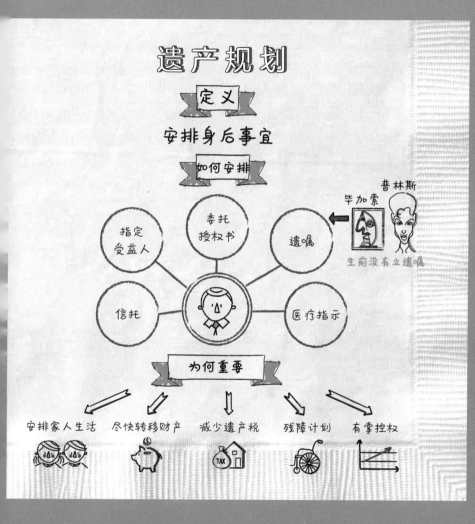

» 医疗保健指示或委托授权书——如果你无法自己做决定，这些文件可以指定合法的委托人为你做决定。

» 信托——如果你很富有或你的财务状况比较复杂，你可以将某些资产交给信托机构。

» 指定受益人——对于某些财务账户，你需要书面指定你离世后它们由谁接手（指定受益人很重要，因为这能推翻你立的遗嘱）。

> 死亡不是终点，有关遗产的诉讼还在继续。
>
> ——安布罗斯·比尔斯，
> 作家

谁需要它

遗产规划并不是富人的专利。如果你有孩子却没有立遗嘱，一旦你离世，孩子的监护人将由法院决定。如果你恋爱未婚，一旦你发生意外，你的伴侣可能得不到任何遗产。

奇闻趣事

» 普林斯和毕加索生前都没有立遗嘱。

» 即使曾身为律师，亚伯拉罕·林肯生前也没有立遗嘱。

» 尽管吉米·亨德里克斯 1970 年就去世了，但因为他没留下遗嘱，他的家族内部与他遗产相关的法律纠纷至今还在继续。

要点回顾

» 遗产规划是确定并记录你身后财产处置计划的过程。

» 如果你有想供养的人，那么遗产规划非常重要；对于每个想在离世后达成所愿的人来说，遗产规划很有用。

如果火鸡能在感恩节之前做好遗产规划，那真是明智之举。

——餐巾纸金融公司

章节测验

1. 你该何时开始为退休储蓄：

　　A. 拿到驾照后。

　　B. 最近一次参加科切拉音乐节之后一年。

　　C. 50 岁时。

　　D. 得到第一份提供退休储蓄计划的工作时。

2. 退休收入的来源可能包括：

　　A. 持有比特币的红利。

　　B. 作为社交媒体影响者的收入。

　　C. 社会保障和投资账户。

　　D. 个人反向抵押贷款。

3. 若想过上安逸的退休生活，你需要：

　　A. 工作期间尽可能多地储蓄。

　　B. 退休储蓄以债券和储蓄账户等稳健投资为主。

　　C. 讨好有钱的亲戚。

　　D. 买把躺椅。

4. 稳健的退休储蓄比例是：

A. 税后收入的 10%。

B. 投资收益的 20%。

C. 年收入的 15%。

D. 康普茶和冷饮费用的 30%。

5. 两种主要的退休账户是：

A. 个人退休账户和格拉斯账户。

B. 个人退休账户和 401（k）退休账户。

C. 担保账户和非担保账户。

D. 补贴账户和无补贴账户。

6. 哪些人可以向 401（k）退休账户存入资金？

A. 你和雇主。

B. 你和联邦政府。

C. 你的父母和继父母。

D. 跑完 40 公里的人。

7. 401（k）退休账户和个人退休账户的好处有：

A. 旅行时，可享受机场快速安检服务。

B. 生日当天可享受背部按摩服务。

C. 灵活提款。

D. 税收优惠和复利增长。

8. 判断题：你可以自行开设 401（k）退休账户。

☐ 正确　　　　　☐ 错误

9. 社会保障是：

A. 利亚姆·尼森主演的电影。

B. 退休后享受舒适生活的保证。

C. 向老年人和残障人士发放福利的联邦政府安全网。

D. 富兰克林·罗斯福养的猫的名字。

10.《联邦社会保险捐助条例》规定的税是：

A. 一种木材。

B. 一个信用报告机构。

C. 一个不断从你薪水里偷钱的家伙。

D. 资助社会保障的联邦工资税。

11. 判断题：赚钱越多，社会保障福利就越好。

□ 正确 □ 错误

12. 你何时能申请社会保障：

A. 62 岁的时候；若等到 70 岁，你能享受到更好的福利。

B. 至少缴纳 5 年的社会保障费用。

C. 不限年龄，退休即可。

D. 第三次结肠镜检查后。

13. 遗产规划适用于：

A. 有钱的老人。

B. 任何人。

C. 不适用于任何人，因为科学家们即将破解死亡之谜。

D. 蝙蝠侠。

14. 遗产规划的好处不包括以下哪项：

A. 减少税收。

B. 根据感情亲疏对家人和朋友进行排序，把遗产留给最亲近的人。

C. 增加财产规模。

D. 一旦你发生意外，确保孩子和其他家人能得到妥善照顾。

15. 遗产规划的内容包括：

A. 剩余的社会保障金。

B. 对每个家庭成员的不满之处。

C. 互联网搜索历史。

D. 遗嘱和指定受益人。

答 案

1. D　　2. C　　3. A　　　4. C　　　5. B　　　6. A　　　7. D　　　8. 错误

9. C　　　10. D　　11. 正确　12. A　　　13. B　　　14. C　　　15. D

第六章

资本市场

股　票

第三章曾提到股票是公司所有权的一部分。例如，亚马逊共持有100万股股票，你购买了其中一股，那么你将拥有该公司百万分之一的所有权（实际上，亚马逊持有约5亿股股票）。

投资股票的原因

人们投资股票，是希望获得比保守投资（如储蓄账户）更高的回报。投资者主要通过以下两种方式赚取收益：

» 股价上涨——如果你以每股100美元的价格买入股票，在股价升至150美元时卖出，你的收益率就是50%。

» 股息——有些公司会把一部分利润以现金股息的形式发放给股东。如果你持有一只价值100美元的股票，它每年发放4次股息，每次2美元，那么你的年收益率约为8%。

股价波动的原因

你可以把股市看作一个大型拍卖市场，只不过这个拍卖市场永远不会结束拍卖。每个交易日，亚马逊和其他上市公司的股票都待价而沽，潜在的买家和卖家就开始为心仪的股票竞价。

股价受买卖双方博弈的影响。如果一群投资者认为亚马逊的股票实际上值3 000美元，他们就想以2 000美元的价格买入；如果其他投资者认为该股票只值1 500美元，他们就想以2 000美元的价格卖出。

投资者是如何估算股票价值的呢？人们对计算股票价值的最佳方

法存在分歧，但一个最常见的方法是估算公司的未来利润，然后决定你愿意为这些利润付出多少代价。如果媒体上出现该公司的负面消息，投资者就会降低他们对该公司未来利润的预期，继而股价下跌；如果是正面消息，则股价上涨。

重要术语

以下是一些有关股票的重要术语：

» 股息：公司定期向股东支付的红利（并不是所有公司都会派息；通常来讲，年轻公司喜欢持有现金，以便继续发展业务）。

» 每股收益：公司特定时期的总利润除以股票数量得出的数值，是对每个股东"应得"利润的估计（只是理论上的收益，投资者的实际收益达不到该数值）。

» 股价：该股票当前在市场上交易的价格。

» 股票、股份、股权：这些词都表示一个意思。

» 股票代码：一串用于标识特定股票的字母。如果你想买亚马逊的股票，那么你可以和经纪人一起查询股票代码 AMZN。

奇闻趣事

» 有些公司的股票代码听起来不太文雅，例如哈雷摩托车、丝涟床垫和喜力啤酒的股票代码分别是 HOG、ZZ 和 HEINY。

» "胖手指事件"是指交易员在交易时不小心多按了几个零。在伦敦证券交易所，雷曼兄弟金融公司的一个交易员把 300 万英镑输成了 3 亿英镑，导致该公司市值蒸发了约 300 亿英镑。

要点回顾

» 股票是公司所有权的一小部分。

» 投资者通过股息和股价上涨来赚取收益。

» 股价很大程度上受投资者对公司未来利润期望值的影响。

在结束和股票经纪人的通话时，千万别把"再见"（bye-bye）
和"买进"（buy-buy）搞混。

——餐巾纸金融公司

股 市

股票市场是实体市场和电子市场的集合，买卖双方聚在这里交易股票。全球大多数股票交易都是通过证券交易所进行的。如果把股票市场看作一个大型拍卖市场，那么证券交易所就有点像独立的拍卖行。

如何交易

美国主要的证券交易所包括：

» 纽约证券交易所——有实体交易大厅并且接受电子订单。

» 纳斯达克——一个完全电子化的证券交易平台。

它们的主要作用是：

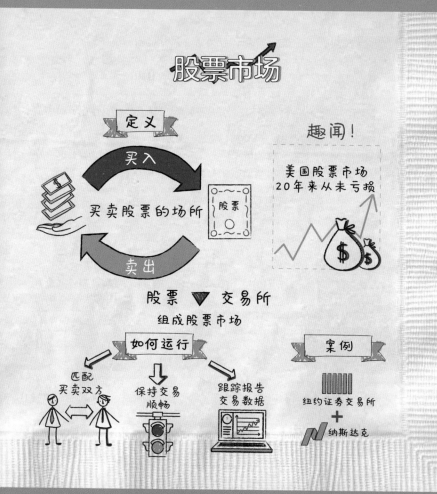

> » 匹配买卖双方。
> » 保持交易顺畅。
> » 跟踪报告交易数据，以便投资者了解市场情况。

在证券交易所，投资者只能对在交易所"上市"的特定股票进行交易。但是，大多数个人投资者并非直接在交易所交易，而是通过经纪人建立一个交易账户，在其中处理实际的交易。

影响股市的因素

股市实际上是所有个股的总和。当个股波动时，比如投资者高估或低估了收益，那么作为一个整体，股市也会微微波动（占比非常小）。

通常，重大经济事件会导致多只股票集体上下波动。影响股市的重大事件如下表所示：

经济增长	经济高增长 = 高企业利润 = 股价上涨 经济低增长 = 低企业利润 = 股价下跌
利率	高利率 = 股价下跌 低利率 = 股价上涨
税率	企业利润税降低 = 股价上涨 企业利润税上升 = 股价下跌
通货膨胀	严重通货膨胀或通货紧缩 = 不确定性较大 = 股价下跌 适度或稳定的通货膨胀 = 不确定性较小 = 股价上涨
其他国家的经济增长	经济高增长 = 高出口销售额 = 股价上涨 经济低增长 = 低出口销售额 = 股价下跌
重大事件	恐怖袭击、重大气候事件或其他重大冲击 = 不确定性较大 = 股价下跌

奇闻趣事

» 华尔街得名于一堵墙。17 世纪，荷兰殖民主义者在曼哈顿下城建了这堵墙，用来抵御英国人的入侵。

» 直到 100 年后，一群当地商人在华尔街一棵著名的梧桐树下签订了一份协议，华尔街才正式成为金融中心。《梧桐树协议》是纽约证券交易所的前身。

» 尽管美国股市在某些年份甚至连续几年会亏损，但它始终能够扭亏为盈；美股标准普尔 500 指数的回报率在过去 20 年里从未出现过负值。

要点回顾

» 证券交易所将买卖双方联系起来，使交易顺利进行。

» 股市由个股组成，因此股市会随着个股的波动而波动。

» 经济增长、利率、税率和通货膨胀都会影响整个股市的走势。

90% 的成年人都喜欢随心所欲和假装很懂股市。

——**餐巾纸金融公司**

牛市或熊市

华尔街可能有点像竞技场，但并不存在真正意义上的牛或熊。这些术语是交易员用来描述股市表现的行话。

牛市或熊市

股市表现

牛市	熊市
股价上涨	股价下跌

- 经济扩张
- 失业率下降或稳定
- 平均持续9年

- 经济萎缩
- 失业率上升
- 平均持续1年

华尔街关于贪婪的名言

✓ 做多能赚钱
✓ 做空能赚钱

猪头
永远被宰!

牛　市

牛市指的是股价普遍上涨，往往对应以下情况：

- » 经济增长或扩张。
- » 失业率下降或稳定。
- » 企业利润上升。
- » 通货膨胀率稳定或上升。

有时，你会听到专家"看涨"股市或特定股票，那只是他个人主观认为股市或某只股票会上涨。

熊　市

熊市指的是股价普遍下跌，更确切地说，是主要股票指数下跌至少 20% 的股市（跌幅小于 20% 被称为"调整"）。熊市往往对应以下情况：

> 在熊市里，股价没有最低，只有更低；在牛市里，股价没有最高，只有更高。
>
> ——佚名

- » 经济萎缩或紧缩。
- » 失业率上升。
- » 企业利润下降。
- » 通货紧缩或通货膨胀不稳定。

专家也会"看跌"特定股票或资产类别。

投资者视角

尽管各种术语让人觉得股市井然有序，但现实情况却异常混乱。

如果股市连续几天下跌，这既可能是新熊市的开始，也可能只是暂时的行情异常，之后股市会继续上涨。

投资者投入大量精力和金钱，试图猜测牛市或熊市的结束时间，以决定抛售还是买入。现实是，没有人能够持续预测出这些节点，多数做得好的投资者不论牛市还是熊市都坚持持有股票。

奇闻趣事

- » 牛市平均持续 9.1 年，平均收益率为 480%。
- » 熊市平均持续 1.4 年，平均亏损率为 41%。
- » 牛市和熊市里的"牛"和"熊"代表它们袭击猎物的方式：牛上推牛角，熊下挥熊掌。

> 坐过山车受伤的都是那些跳车的人。
>
> ——保罗·哈维，
> 记者

要点回顾

- » 牛市是指股价普遍上涨时期的股市，经济势头良好。
- » 熊市是指股价普遍下跌时期的股市，经济疲软。
- » 理想状态下，市场节点可预测，这样你就能稳赚不赔。事实上，不论股市如何变幻，坚持持有股票才是上策。

---

20 多岁的人，新陈代谢像牛市；50 多岁的人，发量像熊市。

——餐巾纸金融公司

共同基金

共同基金会把投资者的钱集中起来，由专业人士管理并进行分散投资。

你可以这样理解：自己选股票和债券有点像自己动手做饭，要选择好的食材并运用技巧烹饪，以达到饮食均衡的目的。投资共同基金就好比聘请一个私人厨师，这样就有专人负责你的饮食计划。但是，你仍然要确保饮食健康，而且收费合理。

如何运作

第一步：投资者购买共同基金的股票。

第二步：共同基金汇集投资者的资金，用来购买投资组合——通常是股票和债券。

第三步：返还股息、利息和收益给投资者，投资者可以选择把钱再投入共同基金（虽然选择可随时变更，但你最初投资基金时就已经明确了这笔钱的用途）。

第四步：共同基金允许投资者随时套现。

好　处

共同基金是一种很受欢迎的投资方式，因为它有如下优势：

» 专业管理人员——通过汇集资金，共同基金有实力聘请顶级投资经理；有些基金还拥有庞大的研究和分析团队。

» 分散投资——很多共同基金拥有数百甚至数千只个人证券。投资者只需要购买一两只共同基金，就可以拥有多元化的投资组合。

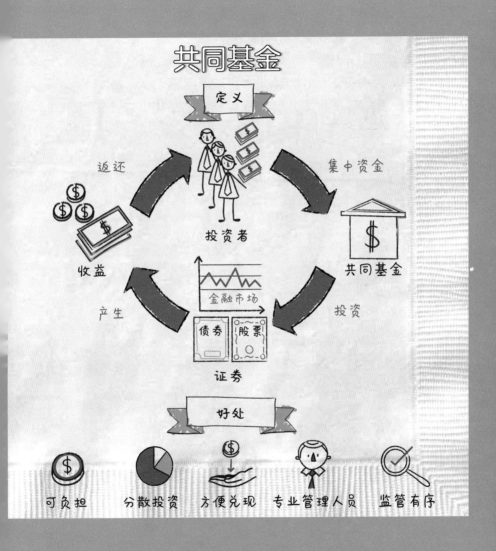

» 方便兑现——尽管不能像股票一样频繁交易，但一般情况下，只要是市场开放日，你都可以买卖基金份额。

» 可负担——很多基金的起投金额只要几百或几千美元。共同基金的费用各不相同，但大多都比对冲基金便宜得多。最便宜的共同基金，每投资 100 美元仅收取几美分手续费。

» 监管有序——共同基金必须定期提交投资报告，每天核算资产价值并遵守投资限制。投资者基本不可能遇到伯尼·麦道夫式的诈骗。

种　类

有的共同基金在各个领域都有投资，包括：

» 股票基金——投资股票。

» 债券基金——投资债券。

» 货币市场基金——投资非常安全的短期债务。

» 平衡基金——投资股票和债券组合。

» 目标日期基金——投资完全分散的投资组合；随着退休年龄临近，投资组合会逐渐变得保守。

奇闻趣事

» 哈里·马科波洛斯是一个警惕性很高的极客，多次提醒监管机构麦道夫是个骗子。2005 年，他给美国监管机构写了一封名为《世界上最大的对冲基金是一个骗局》的信，但监管机构不相信。2008 年，麦道夫基金破产。

» 第一只共同基金是 MFS 马萨诸塞投资者信托基金（MFS

Massachusetts Investors Trust fund），成立于 1924 年。

要点回顾

» 共同基金会将投资者的资金集中起来，购买多元化的证券投资组合。

» 共同基金的好处有：专业管理人员、分散投资、费用较低以及强大的监管体系。

» 共同基金可以投资多种资产。某只基金的风险或回报率取决于它的投资标的。

投资多元化的共同基金可以降低投资风险；成为健身房会员可以降低产生赘肉风险。

——餐巾纸金融公司

交易所交易基金

交易所交易基金（ETF）和股票一样在交易所进行交易，但在其他方面与共同基金非常相似。与共同基金类似，它由专业人士管理，用来投资广泛的多元化投资组合。

交易所交易基金与共同基金

两者的主要区别如下：

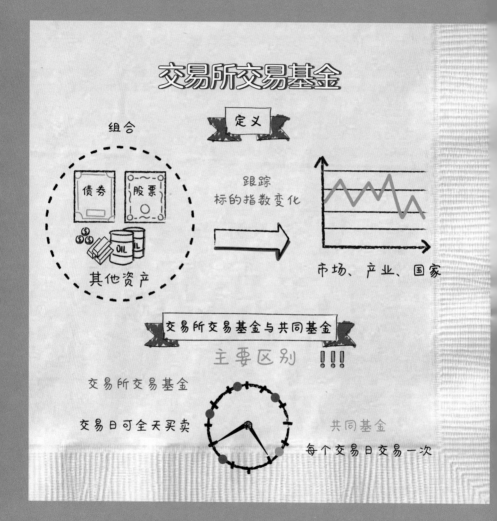

交易所交易基金	共同基金
和股票一样在交易所进行交易，交易日可以看到价格的上涨和下跌	交易日价格恒定，不上下波动
和股票一样，交易日可全天买卖份额	交易日只能买入或赎回一次份额
大多是指数基金，这意味着它们只跟踪指数行情，而不以获得高于市场平均数的收益为目的	有些是指数基金，但多数是主动管理型基金，这意味着经理只挑最好的投资标的
通常情况下，只要你持续持有股票，税金就很低	即使你持续持有股票，也会产生大量的税金

为什么受欢迎

近年来，交易所交易基金非常受欢迎，原因如下：

» 指数投资很受欢迎。大量证据表明，投资指数基金（旨在匹配市场收益）优于投资主动管理型基金（旨在高于市场收益）。

» 费用低于共同基金。尽管你可以购买指数型共同基金，但购买指数型交易所交易基金的费用更低，而且高费用等于低回报。

» 起投金额低。一份起投（共同基金的初始投资金额底线通常为几千美元）。

» 投资领域几乎不受限制。和共同基金一样，交易所交易基金也能持有传统股票和债券，但它也可以投资其他领域。例如，有的交易所交易基金持有实物黄金，有的跟踪石油价格的每日波动，有的专门投资生物科技股。

奇闻趣事

» SPDR 黄金交易所交易基金（SPDR Gold Shares ETF）在伦敦汇

丰银行的保险库里存放着约 7 万根金条（每根重 400 盎司）。每年伦敦汇丰银行都会雇用一家公司逐根核对其中的金条，以确保数量无误（来吧，暑期实习）。

» 在美国，交易所交易基金的投资约为 4 万亿美元。

» 交易所交易基金的名称可谓五花八门，例如肥胖 ETF、全球 X 千禧一代主题 ETF 与共享健康皮肤病和伤口护理 ETF。

要点回顾

» 交易所交易基金与共同基金类似，不同之处在于，它可以在股票交易所全天候交易。

» 大多数交易所交易基金是指数基金，这意味着它们跟踪标准普尔 500 指数的变化。

» 和共同基金相比，指数基金不仅交易费用低而且享受税收优惠，因此这几年投资者大量投资指数基金，让交易所交易基金变得异常火爆。

没有"fun"（乐趣）就拼不出"exchange-traded funds"（交易所交易基金），但"fun"的定义因人而异。

——餐巾纸金融公司

债　券

债券本质上是借据。一旦购买债券，你就成了债券发行主体的贷方。通常，借款人会定期支付一定的利息；当债券到期时，返还初始投资或债券本金。

特　点

债券和股票不同，它的主要特点如下：

» 固定利率——大多数债券的利率固定不变。如果债券的票面价值为 1 000 美元，利率为 5%，那么该债券每年的利息为 50 美元。

» 有到期日——有些债券 30 年到期，有些 1 年到期。大多数债券都在特定到期日偿还初始投资。

» 信用评级——用来评估特定债券发行人的付息和偿债能力。"AAA"级债券是最高等级的债券。评级低的债券被称为垃圾债券。垃圾债券利率较高，但由于发行方多是财务状况不良的公司，所以违约风险较大。

» 低风险和低回报——债券的收益通常比股票低，风险也较小。

» 难买难卖——股票可以和经纪人进行交易，但个人很难买到单只债券，而且债券出售时也卖不上好价钱。

种　类

债券的主要种类有：

» 国库券——由联邦政府发行的债券，其利息收入可享受州税和地方税优惠。

» 市政债券——由州、地方政府和相关实体发行的债券，其利息收入通常可享受联邦税收减免政策，有时还可享受州税和地方税

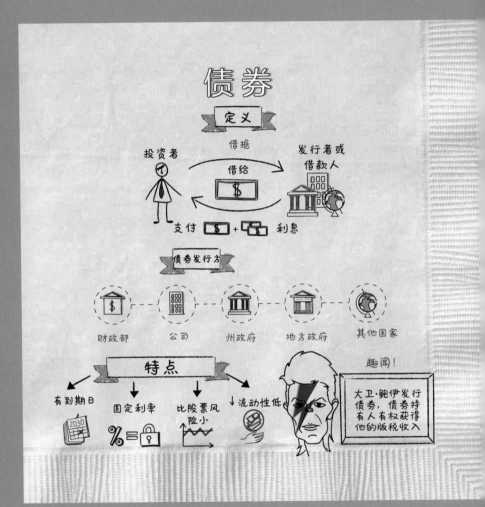

优惠。

» 公司债券——由公司发行的债券，其利息收入不享有税收优惠。

奇闻趣事

» 摇滚歌手大卫·鲍伊 1997 年发行了债券，债券持有人有权获得他的版税收入，债券利率为 8%。

» 迪士尼公司、可口可乐公司以及阿根廷和奥地利两国都发行过 100 年期的债券。

要点回顾

» 债券就是债务。一旦你购买债券，你就成了贷方，发行者就成了借方。

» 一般来说，债券有固定的利率和到期日。

» 债券的风险通常低于股票，回报率也低于股票。

彼得·潘和债券的区别在于，债券迟早会到期并付给你一大笔钱。

——餐巾纸金融公司

IPO

IPO，即首次公开募股（Initial Public Offering），也叫上市，是指企业的股票首次在证券交易所交易，公众可以对其进行投资。

如何运作

第一步：私营企业没有可交易的股份，企业创始人或员工等内部人士通常拥有公司的大部分股份。

第二步：企业决定上市，聘请投资银行帮助其确定股票出售数量和价格等细节。

第三步：企业向监管机构提交招股书，这类似于企业计划公开上市的书面通告，包括募集资金数量、公司财务状况等信息。

第四步：投资银行收购所有股票。

第五步：在首次公开募股日，股票在其上市的交易所交易，投资银行向公众发售股票。

IPO 的原因

公司上市主要是为了募集资金以扩展业务，其他原因包括：

» 帮助内部人员变现——公司元老位高权重，但他们在公司上市之前无法出售自己的股份。他们可以在 IPO 后卖出股份，然后拿着现金直奔特斯拉经销店。

» 建立信誉——股票在大型股票交易所交易可以为企业建立信誉和声誉。

» 获取关注——首次大规模公开募股有助于潜在投资者看到企业前景。

» 吸引人才——有了公开交易的股票，企业就能向员工提供股票补偿计划，这对员工来说非常有吸引力。

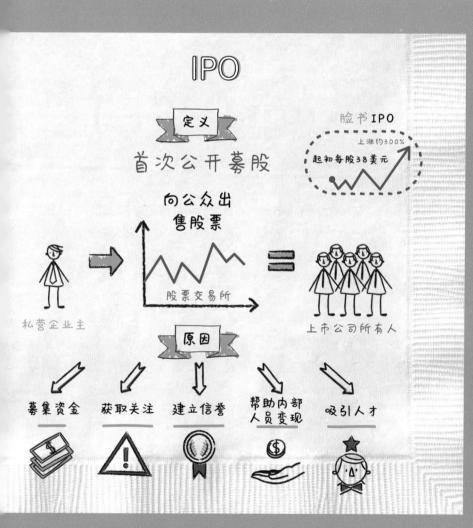

IPO 与二次发行

IPO 后，企业可以在未来出售更多股票，这被称为"二次发行"，但它通常不像 IPO 那么声势浩大。

奇闻趣事

» 当企业在纽约证券交易所 IPO 时，企业高管会在交易大厅敲钟开启当天的交易。

» 再好的 IPO 项目也会有烂股，反之亦然。色拉布的股价在首个交易日就上涨了 44%，但随后几年下跌了 75% 以上。脸书的股价刚开始交易就下跌，但在接下来的几年里上涨了约 300%。

» 没有 IPO，企业也能上市。声田于 2018 年"直接上市"。直接上市的缺点是公司不能筹集新资金（只允许现有投资者兑现），优点是由于不像 IPO 炒作得那么厉害，股价的波动性小于 IPO 股票。

要点回顾

» IPO 是指企业的股票首次在股市交易，又称作上市。

» 公司上市是为了募集资金，但也可能是想借此机会获取关注或帮现有投资者套现。

如果你在谷歌 IPO 时买了它的股票，你现在就能雇个管家帮你进行谷歌搜索了。

——餐巾纸金融公司

外汇市场

外汇市场是投资者买卖货币的地方。

与股票市场通过交易所买卖投资不同，外汇市场被称为场外交易市场。这意味着它是由非正式的买方和卖方组成的网络，投资者通常通过交易商进行交易。

基本情况

实际上，你可以与交易商合作，通过外汇市场任意兑换两种货币。

要买入或售出一种货币，你必须用另一种货币支付或兑换。这就是为什么货币总是成对报价。例如，你可以用人民币购买美元，或者用欧元购买英镑。实际上，任何货币组合都有可能。

参与者

外汇市场的参与者包括：

» 政府。央行和其他政府实体可能会交易货币以影响本国货币的价格或者抚平价格波动。

» 交易商。大型金融机构既可以为客户进行货币交易，也可以参与自己的交易。

» 公司。如果一家总部位于德国的公司在美国销售商品，它就可能需要将收到的美元兑换成欧元。这也就意味着它要进入外汇市场。

» 投资者。大型投资者和小型投资者可能会押注货币价格走势，或者可能需要兑换货币以在另一个国家进行投资。

外汇市场

定义

投资者买卖货币的
非正式全球网络

任意交易两种货币

$ ⇄ € 　 £ ⇄ ¥ 　 ₹ ⇄ ฿

参与者

政府　　交易商　　公司　　投资者　　个人

» 个人。如果你要去另一个国家度假或出差并且需要在到达（或离开）时兑换货币，那么你也要进入外汇市场。

推动价格的因素

货币的价格走势可能由以下因素驱动：

» 利率：较高的利率通常会驱动一个国家的货币升值。
» 通货膨胀：较高的通货膨胀水平通常会使货币贬值。
» 经济增长：经济增长较快会吸引投资者进入一个国家，从而使其货币升值。

奇闻趣事

» 全球外汇市场的平均日交易量超过 5 万亿美元，是股票市场的好几倍，它是世界上最大的市场。
» 世界上有 180 种不同的货币（不包括加密货币）。最新的一种货币是南苏丹镑，于 2011 年出现。

要点回顾

» 外汇市场是由促成货币交易的机构和交易商组成的非正式网络。
» 货币总是成对交易，投资者将一种货币兑换成另一种。
» 政府、公司、金融机构和投资者都是外汇市场的主要参与者。

没有人能像尼日利亚王子邮件诈骗那样进行外汇投资。

——餐巾纸金融公司

期　权

期权是以特定价格买入或卖出一项投资的权利，但不是义务。

种　类

期权分为看涨期权和看跌期权两种。

种类	意义	何时赢利
看涨期权	赋予投资者以固定价格购买投资的权利	投资标的价格上涨
看跌期权	赋予投资者以固定价格出售投资的权利	投资标的价格下跌

尽管购买期权（也称为"做多"）是基本机制，但投资者也可以出售期权（也称为"做空"）。在这种情况下，你的目标通常是从每笔交易获得的期权溢价中获利。

重要术语

以下是关于期权的主要术语：

» 标的：期权的投资对象。如果你购买苹果公司股票的看涨期权，那么苹果公司就是标的物。

» 溢价：期权买方支付给卖方的初始成本。

» 执行价格：你购买（看涨）或出售（看跌）投资标的的价格。

» 到期：到期后你使用期权的时长。

» 价值状态：如果今天执行期权会赚取利润，那么它就是"价内期权"，而会亏损的期权是"价外期权"。

期 权

定义

以特定价格买卖投资的权利

权利 ≠ 义务

种类

看涨期权＝买的权利	看跌期权＝卖的权利
如果价格上升 能够赚取巨额利润	如果价格上升 只损失已付的溢价
如果价格下跌 能够赚取巨额利润 只损失已付的溢价	如果价格下跌 能够赚取巨额利润

期权选择

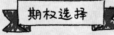

股票　交易所交易基金　货币　　股指　　债券

期权选择

你可以购买许多标的资产的期权,包括:

» 股票。
» 交易所交易基金。
» 货币。
» 股市指数。
» 债券。

奇闻趣事

» 期权交易的术语越来越古怪,例如"颈圈"(collars)、"跨式"(straddles)、"勒形"(strangles)和"差价"(spreads)指的都是一些交易种类。
» 尽管衍生金融工具(例如期权)通常被视为激进投资,但它们也经常被用于保守投资策略,例如通过购买所持股票的看跌期权来防止市场下跌。

要点回顾

» 期权赋予投资者以约定的价格购买或出售特定投资的权利(或选择权)。
» 期权有两种类型:看涨期权和看跌期权。购买看涨期权意味着你在投资标的价格上涨时获利,而买入看跌期权则意味着你在投资标的价格下跌时获利。
» 尽管期权最常被用于股票,但投资者可以买卖各种投资的期权。

Options 并不只是你在单身时拥有的选择，它还有期权的意思。

——餐巾纸金融公司

期　货

期货合约是在约定的未来日期以约定的价格买卖特定投资的协议。

与期权（买方可以选择是否兑现期权）不同，期货合约是一项义务。如果签订了期货合约，你就必须遵守承诺。

操作方式

假设你签订了一份期货合约，要以 1 500 美元的价格在三个月后购买一盎司黄金，此时的黄金交易价格为每盎司 1 400 美元。

在你签订合同后，黄金价格将每天有所上涨或下跌。如果期货合约到期时的黄金价格高于 1 500 美元，你就赚了。如果期货合约到期时的黄金价格低于 1 500 美元，你就赔了。

一些期货合约是通过所谓的"实物交割"完成的。在这种情况下，你实际上会在三个月后收到一盎司的黄金。但是，交易双方通常会以现金结算——在这种情况下，你将在三个月后收到或支付与合约收益或损失相等的现金。

种　类

和期权一样，你可以购买许多标的资产的期货，包括：

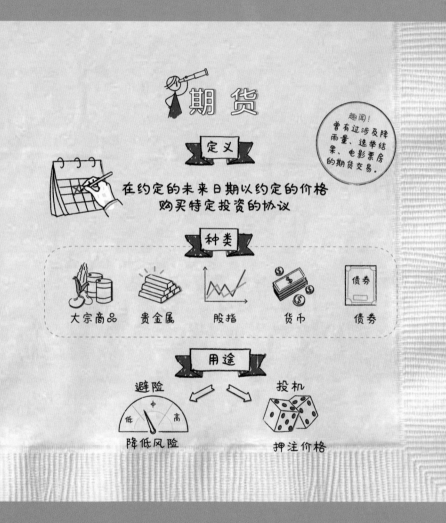

» 大宗商品，如小麦、玉米。

» 贵金属，如黄金、白银。

» 股市指数。

» 货币。

» 债券。

用　途

期货的两个主要用途是：

» 避险：如果你是农民，并且知道你在六个月后将要出售几吨玉米，那么你现在就可以购买玉米期货。这样的话，如果玉米价格突然暴跌，你就会受到保护。

» 投机：如果你只想押注玉米价格的涨跌，那你就是在进行市场投机。

奇闻趣事

» 有的期货交易涉及降雨量、电影票房和选举结果。

» 与股票交易不同（在美国，股票交易主要在纽约进行），期货交易的中心是芝加哥商品交易所。

要点回顾

» 期货合约是在约定的未来日期以约定的价格买卖特定标的资产的协议。

» 如果你签订了一份要在以后购买一项资产的期货合约，那么你将在标的资产的价格高于你所约定的价格时获利。

» 期货主要用于避险和投机。

避孕是终极期货投资。

——餐巾纸金融公司

章节测验

1. **股票是：**

    A. 一种债务形式。

    B. 昂贵的墙面装饰。

    C. 公司所有权的一部分。

    D. 钢制的袜子（socks made out of steel）。

2. **投资者赚取股票收益的两种方式是：**

    A. 股息和股价上涨。

    B. 利息和本金。

    C. 恐惧和恐吓。

    D. 欠条和寝浴百货优惠券。

3. **判断题：股票、股份、股权的意思相同。**

    □ 正确　　　　　　□ 错误

4. **进行股票交易需要：**

    A. 了解潜规则。

    B. 到实体证券交易所。

    C. 逛逛红迪网论坛，寻找热门准确的股票指南。

    D. 在经纪人处开设账户。

5. **股价上涨的因素包括：**

    A. 美元走强和关税提高。

B. 利率和税率降低。

C. 埃隆·马斯克的心情不错。

D. 万艾可（Viagra）。

6. **判断题：美股在过去的 20 年里从未亏损。**

☐ 正确　　　　　　☐ 错误

7. **牛市对应：**

A. 投资者受伤。

B. 股价上涨。

C. 债券下跌。

D. 杂货店促销红肉。

8. **如果优步司机说他"看空"科技股，这说明他：**

A. 认为科技股价格会下跌。

B. 认为科技股价格会上涨。

C. 不知道如何到达目的地。

D. 只能得差评。

9. **共同基金是指：**

A. 一种众包投资。

B. 符合条件才能投资的基金。

C. 交易所交易基金。

D. 由专业经纪人管理的汇集投资者资金的基金。

10. **共同基金的好处不包括以下哪项：**

A. 强有力的监管。

B. 专业的管理人员。

C. 业绩保证。

D. 分散投资。

11. **交易所交易基金是：**

    A. 精灵才能投资的基金。

    B. 算命先生管理的基金。

    C. 在交易所交易的基金，例如股票。

    D. 容易原谅（easy to forgive）。

12. 交易所交易基金受欢迎的原因不包括哪项：

    A. 费用低廉。

    B. 投资者可以少量起投。

    C. 指数投资很受欢迎，而大多数交易所交易基金都是指数基金。

    D. 其历史记录比共同基金长。

13. 与股票相比，债券通常：

    A. 风险较低，收益较低。

    B. 股息更高。

    C. 容易买卖。

    D. 要摇晃，不要搅拌。

14. 债券的信用等级范围是：

    A. ZZZ 到 AAA。

    B. 垃圾到 AAA。

    C. "哦"到"啊"。

    D. 蓝钢到玛格南。

15. 判断题：公司债券的投资收益享受税收优惠。

    □ 正确   □ 错误

16. IPO 是：

    A. 非法的宠物主人。

    B. 投资初次开放。

    C. 首次公开募股。

D. 我在买奥利奥。

17. 公司上市的原因不包括以下哪项：

A. 筹集资金。

B. 帮内部人员兑现股票。

C. 吸引人才。

D. 节省会计和法务开支。

答　案

1. C　　2. A　　3. 正确　4. D　　5. B　　6. 正确　7. B　　　8. A

9. D　　10. C　　11. C　　12. D　　13. A　　14. B　　　15. 错误　16. C

17. D

第七章

税务简说

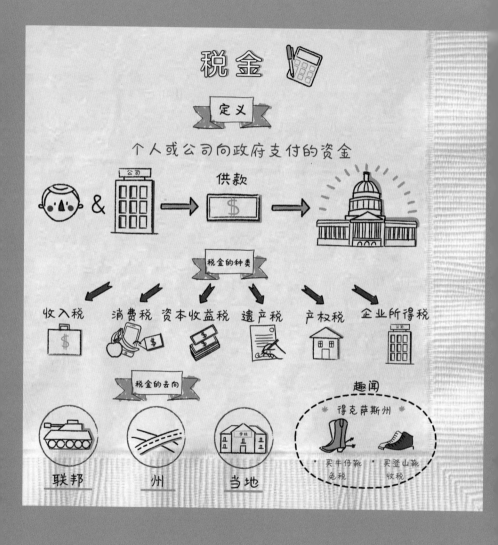

税 金

税金是个人和公司必须向政府支付的资金。

种 类

每当个人或公司赚钱的时候，政府都会分一杯羹。下面是每个公民需要缴纳的一些税金种类：

» 收入税——对工资、兼职收入及一些投资收入所征缴的税。

» 消费税——你在商店购物、饭店消费或线上购物时要缴纳的税。

» 产权税——购买房产需要缴纳的税。

» 资本收益税——如果你卖出一项投资赚取利润，你就需要缴纳资本收益税。

» 遗产税——如果某个有钱人过世了，政府很可能要收遗产税。

» 企业所得税——政府会从企业利润中分一杯羹。

税金的去向

你所缴纳的税金被用于各种各样的事情，包括支付国会议员的工资、修建桥梁、进行国外援助等。具体包括：

» 联邦收入税会上交美国联邦政府，用于：军队开销、社会保障、医疗保险和医疗补助计划以及支付

> 税收是我们为文明社会付出的代价。
>
> ——小奥利弗·温德尔·霍尔姆斯，
> 最高法院大法官

国债的利息等。

» 各个州的消费税和收入税用于：公立学校、医疗救助、交通设施、州监狱等。

» 产权税和其他地方税用于：公立学校、消防和警察部门、道路维护等。

奇闻趣事

» 在得克萨斯州购买牛仔靴可以免缴消费税，而购买登山靴不行。

» 如果你在纽约买一个完整的百吉饼，你就不用缴纳消费税。如果你要求店员切开百吉饼，那它就成了加工食品，而你需要缴纳消费税。

» 在堪萨斯州，人们搭乘系留气球时要缴纳娱乐税，而热气球被视为一种交通工具，人们可以免税搭乘。

» 新墨西哥州的居民在活到 100 岁之后不需要缴纳州收入税。

要点回顾

» 税金是为了保证政府正常运作而向个人和公司征缴的费用。

» 你的收入、消费和财产都需要缴税。

» 你可能要向联邦政府、州政府和地方政府缴税，用于支付政府提供的不同类型的服务。

通过吃掉孩子 38% 的薯条，来告诉他们什么是税收。

——餐巾纸金融公司

纳税申报

大多数人全年都要缴税。在填写纳税申报表时，你需要计算出当年依法应缴的欠款，并将其与已付金额进行比较。如果已付金额不足，你需要通过申报表发送剩余欠款登记信息。如果已付金额超出限额，你就可以坐等退款。

> 只有上帝和美国国税局让我害怕。
>
> ——德瑞博士，
> 美国说唱歌手和音乐制作人

进行纳税申报非常重要，因为没人想招惹美国国税局（IRS）。

操作方式

第一步：在日历年中，你主要通过工资单缴税。如果你还有其他收入，那么你也可以按季度支付预估税款。

第二步：在1月底，你的雇主（或多个雇主）以及你开户的任何金融机构应该会给你发送税表。

第三步：在4月15日之前（在你用尽所有拖延办法之后），你应该将所有申报表汇总起来。

第四步：如果你有欠款，你通常要在寄送申报表时付款。如果你需要退税，则你会在申报后几周内收到退款。

所需材料

在汇总纳税申报表时，你至少需要以下材料：

» 社会保障号码。
» 上一年的申报表。

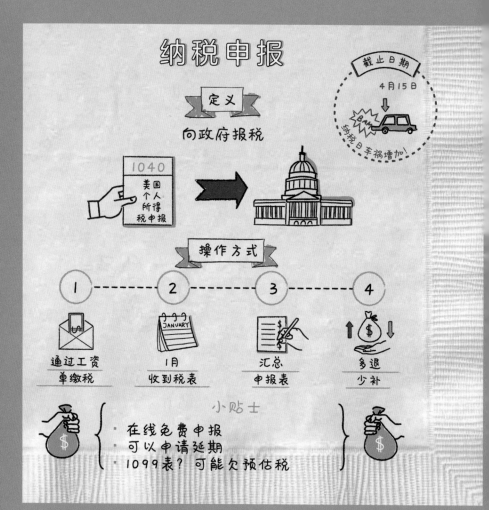

> » 雇主提供的各种 W–2 表格或 1099 表格。
> » 金融机构提供的 1099 表格。
> » 税收扣除或抵免记录。

（还有一瓶葡萄酒，用来帮助你忘掉填写纳税申报表的痛苦。）

不可不知

> » 你可以通过美国国税局网站在线免费进行纳税申报。如果你的税务情况非常简单，或者你的收入少于特定金额，你也可以通过一些税务软件进行免费申报。
> » 如果你无法在规定时间内进行申报，你可以申请延期 6 个月来汇总申报。延期只会给你更多时间去填写表格。如果你有欠款，美国国税局还是会让你立即缴费。
> » 如果你在做兼职，那么你可能需要每年申报 4 次并缴纳预估税。

奇闻趣事

> » 一些国家有更好的纳税申报方法。德国、日本和西班牙等 36 个国家的公民无须进行纳税申报（各种数据都由政府处理）。
> » 4 月 15 日发生致命车祸的概率会上升。大家更有理由进行线上申报了。

要点回顾

> » 在进行年度纳税申报时，你需要计算上一年的欠款和已支付金额，并进行对账。
> » 在进行纳税申报时，你需要准备 W–2 表格、1099 表格、其他收入记录以及税收扣除和抵免记录。

别怕，纳税申报表更怕你。

——餐巾纸金融公司

1099 表格与 W-2 表格

1099 和 W-2 都是进行纳税申报的表格。如果你是一位承包商，那么你会在年底收到一份或多份 1099 表格。如果你是一位雇员，那么你会收到一份 W-2 表格。

为何纳税申报很重要

你是承包商还是雇员将决定你的纳税金额和纳税时间。同时，这也会影响你能享受到的福利。

项　　目	承包商	雇　　员
申报表格	1099	W-2
纳税时间	每年缴 4 次预估税	从工资中扣税
纳税金额	较多	较少
雇主缴税	较少	较多
福利	失业后，你没有资格享受失业救济；不享受医疗保险、401（k）计划或其他公司福利	失业后，你有资格享受失业救济；通常可享受医疗保险、401（k）计划或其他公司福利

1099表格 与 W-2表格

定义

独立承包商   **雇员**

1099 ← 税表 → W-2

- 不纳入工资单
- 承包商缴更多税
- 每年缴4次预估税
- 可以扣除营业费用
- 不一定能享受失业救济

- 纳入工资单
- 雇员缴税较少
- 从工资中扣税
- 许多费用不能扣税
- 可享受失业救济

税单

零工经济

优步   跑腿兔   lyft 来福车

被分类为独立承包商 ⟶ 免去雇员相关的支出

决定方式

你可以通过收到的税务表格以及工资发放方式来判断自己被视为承包商还是雇员。如果你每两周收到一次工资并在年底收到一份 W–2 表格，那么你是雇员。如果你需要提交工作发票并在年底收到了 1099 表格，那么你是承包商。

这种区别的决定因素包括：

» 你对所做工作的掌控程度。
  › 较多控制权→承包商
  › 较少控制权→雇员

» 你自己还是雇主支付工作中产生的费用。
  › 你支付→承包商
  › 公司支付→雇员

» 你能否在同一行业自由寻找其他工作作为兼职。
  › 你可以→承包商
  › 你不能→雇员

» 你的贡献对公司业务的重要程度。
  › 较不重要→承包商
  › 较为重要→雇员

» 你的工作是永久性的还是暂时性的。
  › 暂时的→承包商
  › 基本上是永久的→雇员

不可不知

纳税人类型的划分方式并不总是简单明了的，最终的决定也可能引起争议。

优步、来福车和跑腿兔之类的零工型公司通常将员工归类为承包商（因为这对它们来说更划算）。但是，对于是否应将它们的员工真正视为雇员在法律上一直争议不断。

奇闻趣事

» 如果你是一名雇员，在开车上班时撞到他人，那么你的雇主可能要承担责任。如果你是一位承包商，在开车上班时撞到他人，那么你需要自己承担责任。

» 即使是政府也不能总是分清雇员和承包商的区别。不同的联邦政府机构（例如国税局和劳工部）可能有不同的意见，不同的州或法院也可能有不同的意见。你可以以一种身份报税，但在其他情况下使用另一种身份（例如解决劳资纠纷或车祸起诉事件）。

要点回顾

» 收到 1099 表格还是 W–2 表格取决于你是承包商还是雇员。

» 你的身份会影响你的纳税金额、纳税时间以及你享受福利的资格。

» 纳税人的分类方式有些复杂，而且由多个因素决定。

碧昂斯是一位独立承包商，因此，如果你收到的是 1099 表格，那么这说明你们之间有共同之处！

——餐巾纸金融公司

税收扣除

税收扣除是在计算应缴税款时从收入中减去的金额，例如慈善捐款或助学贷款利息。申请税收扣除可以让你少缴税款。

如果你当年的收入是 50 000 美元，税收扣除是 10 000 美元，那么你的应缴税款将以 40 000 美元为基础计算。

> 很少有人测试自己的减税能力，除了在填写所得税表格的时候。
>
> ——劳伦斯·J. 彼得，
> 作家

常见类型

享受税收扣除的情况主要有：

» 助学贷款利息。
» 个人退休账户。
» 州和地方税。
» 住房抵押贷款利息。
» 慈善捐款。
» 医疗费用（如果当年的费用达到收入的特定比例）。
» 营业费用（如果你经营自己的生意）。

扣除与抵免

税收扣除和抵免都会减少你的应缴税款。但是，税收抵免更实惠，因为它会实打实地减少税款，而税收扣除是减少应纳税的收入。

税收扣除

定义

减少应纳税的收入=少缴税

趣闻！
若出于医疗原因，修泳池的费用可免税

税单
$

类型

助学贷款利息　慈善捐款　医疗费用　营业费用　住房抵押贷款利息

标准扣除　　扣除　　分项扣除

$　VS.　$ + $ + $

假设你的年收入为 50 000 美元，税率为 25%（实际税率比这复杂得多），以下是扣除 10 000 美元税额和抵免 10 000 美元税额的区别：

项　目	扣除 10 000 美元	抵免 10 000 美元
应纳税的收入	50 000 − 10 000=40 000 美元	50 000 美元
25% 的税率应缴税款	40 000 × 0.25 =10 000 美元	50 000 × 0.25 =12 500 美元
减少	0 美元	10 000 美元
应缴税款	10 000 美元	2 500 美元

分项扣除与标准扣除

每个人都必须在标准扣除和分项扣除之间做出选择。标准扣除比较简单——只需从你的收入中扣除一定金额，你无须进行大量数学运算和记录。分项扣除比较复杂，但可以为一些纳税人节省更多的费用——你需要计算所有符合条件的特定扣除项目并将其汇总。

即使不选择分项扣除，你也可以进行一些特定扣除（例如助学贷款利息的扣除），但是有些项目只能分项扣除（例如抵押贷款利息和慈善捐款的扣除）。

奇闻趣事

» 工作开销通常可以免税，不过工作开销的定义可能比你想象的更宽泛。据说，如果法官裁定一名脱衣舞者的假胸为舞台道具，那么她做隆胸手术的费用可以免税。

> 或许人人都可以享受自由和公正，但只有个别人能享受税收优惠。
>
> ——马丁·A. 苏利文，
> 经济学家

» 如果出于医疗需要修建游泳池或装修房屋，那么所花费用可以免税。

要点回顾

» 税收扣除通过减少应纳税收入来减少纳税金额。

» 常见的税收扣除项目包括助学贷款利息、抵押贷款利息和一些退休金。

» 税收扣除很好，但税收抵免更好，因为它能实打实地减少你的纳税金额。

你的退税会被送回家。

——**餐巾纸金融公司**

章节测验

1. **税金类型不包括下列哪种：**
   A. 所得税。
   B. 资本收益税。
   C. 涡轮增压税。
   D. 财产税。
2. **税收用于：**
   A. 让太阳出来。
   B. 互联网。

C. 打肉毒杆菌。

D. 公立学校和军队。

3. **判断题：财产税用于资助联邦政府。**

☐ 正确　　　　　　☐ 错误

4. **纳税申报是：**

A. 政府将你缴纳的税款退给你。

B. 对既定年份已缴纳的税款与实际欠的税款进行对账。

C. 拉斯维加斯之旅的资金。

D. 通过不纳税来进行政治抗议的好机会。

5. **在 4 月中旬的截止日期之后进行纳税申报：**

A. 只要申请了延期就可以。

B. 只要你深居简出就可以。

C. 会被判处死刑。

D. 是一项新的跳伞运动。

6. **判断题：你可以免费进行线上纳税申报。**

☐ 正确　　　　　　☐ 错误

7. **进行纳税申报不需要以下哪项材料：**

A. 上一年的纳税申报表。

B. 你的社会保障号码。

C. 过去一年所有的银行对账单。

D. 你收到的所有 1099 表格或 W–2 表格。

8. **如果你是承包商，这意味着：**

A. 政府不知道你赚了多少钱，因此你不必纳税。

B. 你每年需要支付 4 次预估税并会在 1 月收到 1099 表格。

C. 你所在的公司将为你缴税。

D. 你在星巴克写剧本。

9. **雇员可享受的福利包括：**

　　A. 你的收入应缴的税额较少，而且你失业后有资格享受失业救济。

　　B. 你的雇主替你进行纳税申报。

　　C. 有免费办公用品。

　　D. 抑制你的愤怒，直至你崩溃。

10. **影响你被归为雇员还是承包商的因素包括：**

　　A. 你每天刷脸书的时间。

　　B. 你在请病假时是否造假。

　　C. 你是否在工作中收到过小费。

　　D. 你对自己的工作有多少控制权，以及谁为你支付工作费用。

11. **税收扣除是：**

　　A. 一种少缴税款的合法方法。

　　B. 仅与超级富豪有关。

　　C. 你无须担心，因为你的父母会为你处理，对吧？

　　D. 你说服自己购买 90 英寸大电视的方法。

12. **判断题：税收扣除会实打实地减少应缴税款。**

　　□ 正确　　　　　　□ 错误

13. **税收扣除不包括以下哪项：**

　　A. 慈善捐款。

　　B. 汽车费用。

　　C. 助学贷款利息。

　　D. 营业费用。

14. **当你计算免税额时，最重要的决定是：**

　　A. 你应该给哪一位家长打电话询问操作方式。

　　B. 你应该选择全部扣除还是部分扣除。

C. 你应该说自己有几个孩子。

D. 你应该选择分项扣除还是标准扣除。

15. **判断题：在某些情况下，房屋装修的费用可以免税。**

☐ 正确　　　　　☐ 错误

答　案

1. C　　2. D　　3. 错误　4. B　　5. A　　6. 正确　7. C　　8. B

9. A　　10. D　　11. A　　12. 错误　13. B　　14. D　　15. 正确

第八章

创业规划

创　业

创业代表着一种创新精神。它意味着提出商业理念并努力将其实现。

企业家这个词或许会让你想到杰夫·贝佐斯、奥普拉·温弗里、马克·扎克伯格这样的商业大亨，但任何一个创办公司或做副业的人都算是企业家。

> 如果你不去实现自己的梦想，你就会被人雇去实现他们的梦想。
>
> ——托尼·A. 加斯金斯，
> 作家

利　弊

要当老板，你就必须付出成本。

利	弊
自己拿利润	自担全部风险
有机会建立你热爱的事业并留下一笔遗产	再好的想法都可能失败
自己做主并组建团队	责任越大，压力越大

关于创业的传言

追逐梦想或许是艰难的，但别被错误的传言吓到。

传　言	事　实
你得先有钱，后创业	一些公司在起步时没什么启动资金，但可以从外部投资人或贷款机构那里筹资
你需要一个新颖独特的好创意	很多成功企业的灵感都源于现有产品和服务
失败是你的敌人	许多企业家在成功之前都经历了一连串的失败，你要从错误中吸取教训，但不要害怕犯错

如何想出创意

虽然你需要一个创意，但你并不需要一个全新的创意。试着记日志，每当你想到下列内容就记下来。

- » 你希望存在但现实中找不到的产品或服务。
- » 现有产品无法满足的需求。
- » 改善现有产品或服务的好办法。
- » 帮人们更容易获取信息或产品的方法。

奇闻趣事

- » 如果你想给自己的新业务带来好运，那你就从车库起步吧。据说，苹果、亚马逊、谷歌和迪士尼都是从车库起步的。
- » 山崎舜平申请了 11 000 多项专利，是发明创造的世界纪录保持者。

要点回顾

- » 创业是让你的商业创意成为现实的过程。
- » 如果你成为一位企业家，你就有机会获得大量利润和巨大成就感，但也要承担公司的财务和声誉风险。

» 为了想出创意，你可以在日志中列出还未出现或者可以改进的产品或服务。

成功的企业家包括温弗里、贝佐斯和在大麻药房门外卖饼干的女童子军。

——餐巾纸金融公司

如何创办公司

尽管很多创业公司都失败了，但那些获得成功的公司都能快速发展。除了财务回报，创办公司还能给你一个做有意义的事情的机会，你可以打破现状甚至改变世界。

基本构成

创业公司各不相同，但基本上都需要以下四个要素。

» 创意——你的公司要么打破行业常规，要么提供更好的产品或服务，要么满足人们潜在的需求。

» 团队——找到一群能力与你互补的合作伙伴。团队的起步需要三个主要的角色：业务型人员、技术型人员和创新型人员。

» 产品——开发产品原型或服务模型。你至少得有一个计划，说明你们如何开发第一个产品。

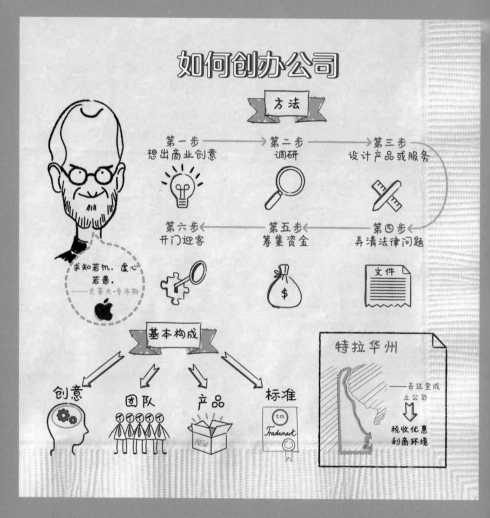

» 标准——弄清你的公司架构、名称和其他法律问题。

方　法

第一步：想出商业创意。

第二步：进行市场调研。你的竞争对手有哪些？你将面向哪些客户？你的产品或服务是否有强烈需求？

第三步：制订计划，设计产品或服务。

第四步：了解法律问题，决定公司构架，取个名字并申请执照或许可证。

第五步：筹集资金。你是想出售股权还是贷款？

第六步：做宣传。为你的新公司造势。

第七步：开门迎客。

类　型

你也许需要一个全新的创意，但商业模式实际上就那么几种。你要考虑你的公司要经营什么业务。

» 销售广告——创建一个免费网站或应用程序，吸引客户并赚取广告收入。

» 创建一个市场平台——想想易集网或易趣网。

» 向消费者出售产品或服务——你可以发明一个类似指尖陀螺的产品。

» 把产品或服务卖给其他公司——解决特定行业的需求。

» 进入 P2P（网络借贷平台）——比如爱彼迎或拼车。

» 出售知识产权——发明一些专利。

奇闻趣事

» 加利福尼亚州的"独角兽"公司（市值 10 亿美元以上的初创公司）比世界上其他任何地方都多。

» 许多公司选择在特拉华州成立公司（即使它们的总部位于其他地方），因为该州拥有完善的公司法体系，不向不在那里开展业务的公司征收所得税。

要点回顾

» 创业可以给你一个成功的机会。

» 要成立一家新公司，你首先需要一个创意、一个团队、一种产品以及一些法律方面的帮助。

» 虽然想出一个创意似乎很困难，但你可以从现有的商业模式中获得灵感。

刚开始创业时，你的睡眠状态像婴儿一样：每两个小时醒来一次，哭个没完。

——**餐巾纸金融公司**

商业计划书

商业计划书是一份概述企业愿景的文档。它描述了你对公司发展方向的宏伟梦想以及梦想成真所需的基本步骤。

为何重要

你的商业计划书有以下作用：

> 我们有一项战略计划，叫作"做事"。
>
> ——赫伯·凯勒赫，
> 西南航空公司联合创始人

» 指导业务——商业计划书可以帮助你确定发展业务需要采取的确切步骤，保证你始终都知道下一步要做什么。

» 衡量进度——在商业计划中设置一些里程碑，以便你可以在公司的发展过程中进行自查。

» 与投资者共享信息——潜在的投资者既想知道你的计划是否切合实际，也可能对具体细节（例如财务预测）有所疑问。

» 招募员工和合作伙伴——一个现实的愿景有助于吸引一流的员工、客户和合作伙伴与你合作。

如何制订商业计划

根据个人选择，你的商业计划可以或宽泛或详尽。有的商业计划是在餐巾纸背面拟定的，而有的商业计划可能详细得像一本书。

你可以在商业计划中纳入以下内容：

» 执行摘要——整个计划的概述。

» 业务描述——关于公司商业模式的基本信息以及公司目前为止所取得的成绩。

» 市场分析——你的客户和竞争对手有哪些?

» 组织和管理——公司的组织结构是什么? 谁是团队中的超级

商业计划书

定义

商业地图

为何重要

- ☑ 指导业务
- ☑ 衡量进度
- ☑ 与投资者共享信息
- ☑ 招募员工和合作伙伴

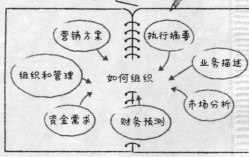

营销方案　执行摘要
组织和管理　　业务描述
如何组织　　市场分析
资金需求　财务预测

趣闻 ▶ 有的商业计划书可以简单得如一张餐巾纸

西南航空

明星?

» 营销方案——宣传业务和寻找客户的计划。

» 资金需求——公司起步需要多少资金?

» 财务预测——你对公司早期的销售和利润的理想估计。

奇闻趣事

» 西南航空公司、《鲨鱼周》、涓滴经济学以及至少4部皮克斯电影都是在餐巾纸上构思而成的。

» 在真实的硅谷,创始人在向潜在投资人推介他们的商业计划时都会夸大事实和业务数据。一位创业者透露:"在硅谷说真话的人就像是奥运代表队中唯一一个没有使用类固醇的选手一样稀有。"

要点回顾

» 商业计划书是公司的路线图。

» 你需要为自己以及潜在的投资人、员工和合作伙伴制订一个商业计划。

» 有的商业计划非常详细,有的则可能只是一份简单的愿景声明。

商业计划书是公司的路线图,婚前协议是未来离婚的路线图。

——餐巾纸金融公司

筹资创业

除非你创办的公司不需要大量现金就能开展业务，否则你就需要募集资金让公司运作起来。你所需的融资类型取决于公司所处的发展阶段、所需的资金数量以及你是否愿意放弃公司的部分所有权。

类　型

融资来源	发展阶段	如何操作
自筹	非常早	使用个人资产，例如储蓄、投资、房屋资产甚至信用卡
亲戚朋友	非常早	向看好你的人借钱
孵化器	非常早	接受面向初创公司的发展项目，获得资源开发创意，认识创业导师
众筹	早期	在众筹网站描述你的商业计划，让钱来找你（详见第十二章）
传统贷款机构	早期	向银行或信用合作社申请小企业贷款
天使投资人	早期	找个愿意购买公司股权的有钱人
加速计划	中期	当公司有了一定吸引力时，申请并加入短期创业训练营，以促进公司成长
风险投资	中期	将股权出售给经验丰富的投资人
IPO	后期	在证券交易所公开发售公司股票，从广大投资者那里获得资金
发行债券	后期	一旦公司稳定，就出售10年、20年或30年期的债券，并支付固定的利率

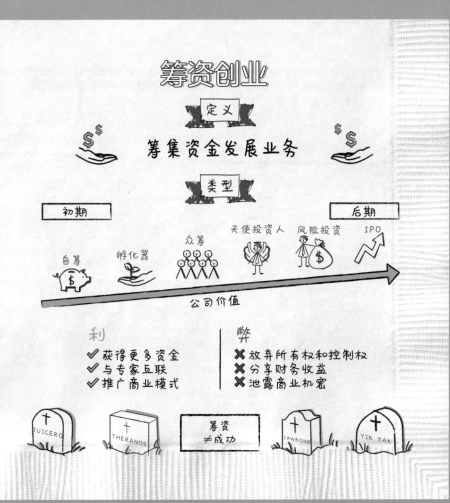

外部融资的利弊

接受外部资金或许对维持公司发展至关重要，但它也伴随着妥协。

利	弊
获得更多的资金	放弃部分所有权和控制权
与导师和专家互联	分享公司的财务收益
推广公司的商业模式	泄露商业机密

奇闻趣事

» 保持控制权照样能获得利润。天然香体露公司 Native Deodorant 的创始人在公司上市仅两年半后就将其以 1 亿美元的价格卖给了宝洁公司，而他仍然持有公司 90% 以上的股权。

» 初创公司 Juicero 销售一种将果汁挤入杯子的机器，类似于水果和蔬菜界的克里格咖啡机，每台售价 400 美元。在人们注意到人并不需要花哨的机器就可以用手挤压果汁之前，该公司筹集了 1.2 亿美元（该公司后来倒闭了）。

要点回顾

» 大多数初创企业在起步时都需要筹集资金。

» 资金来源有很多种，包括自筹资金、寻找专业投资人、向银行借款等。

» 将股权出售给外部投资人意味着放弃控制权和所有权，以换取更多资金和专业知识。

初创企业融资可能很困难，但没有侧方位停车难。

——餐巾纸金融公司

章节测验

1. 创业可能意味着：

A. 开发一款应用程序。

B. 开一家餐厅。

C. 在网上卖工艺品。

D. 以上所有。

2. 创业的好处不包括以下哪项：

A. 有机会自己赚钱并获得成功。

B. 成功率高。

C. 有机会实现梦想。

D. 有机会自己当老板。

3. 判断题：如果你的商业创意失败了，你就不要再尝试了。

□ 正确　　　　　　□ 错误

4. 公司起步需要：

A. 一个创意、一个团队和一种产品。

B. 原型、分销网络和制造工厂。

C. 一个很棒的提案以及奶奶留给你的一大笔钱。

D. 马克·扎克伯格的一缕头发、埃隆·马斯克的一滴泪和一个伏都教娃娃。

5. 判断题：从其他公司那里获得商业模式的灵感是非法的。

□ 正确　　　　　□ 错误

6. **启动创业公司的过程包括：**

A. 吃热狗比赛。

B. 决定是否在纳斯达克或纽约证券交易所上市。

C. 调研市场并筹集资金。

D. 完成忍者战士障碍训练课程。

7. **商业计划书很重要，其原因不包括以下哪项：**

A. 它是你与公司投资人之间具有法律约束力的合同。

B. 它可以帮助你说服投资人为你的创意提供资金。

C. 它可以帮你梳理自己的想法。

D. 衡量进度，以确保你的前进方向是正确的。

8. **商业计划书应该：**

A. 用抑扬格五音步撰写。

B. 根据个人喜好确定长短。

C. 向州立公司委员会备案。

D. 用 Comic Sans 字体撰写，这样人们就会严肃对待。

9. **判断题：商业计划书可以写在餐巾纸的背面。**

□ 正确　　　　　□ 错误

10. **初创企业的资金来源不包括下列哪项：**

A. 自筹。

B. 天使投资人。

C. 二次发行。

D. 孵化器。

11. **创业公司筹集外部资金的好处包括：**

A. 有机会获得更多资金，并可以与为你提供业务帮助的导师建立
联系。

B. 在经营方式上更加独立。

C. 让日常圈子外的人失望。

D. 终于能抹掉高中年鉴中"最有可能在 30 岁时仍与父母同住"这句话。

12. 创业公司筹集外部资金的弊端可能包括：

A. 如果公司倒闭，需承担赔偿权益投资者的法律责任。

B. 放弃所有权和控制权。

C. 创业失败就要剁掉几根手指。

D. 必须向投资者解释为什么公司还没有收入，而所有创始人都开上了特斯拉。

13. 判断题：IPO 通常是较成熟的公司的一种选择。

□ 正确　　　　　□ 错误

答　案

1. D　　2. B　　3. 错误　　4. A　　5. 错误　　6. C　　7. A

8. B　　9. 正确　　10. C　　11. A　　12. B　　13. 正确

第九章

巫术经济学

GDP

定义

国内生产总值，即一国经济的总产值

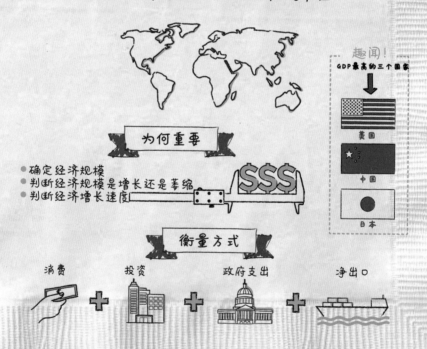

为何重要

- 确定经济规模
- 判断经济规模是增长还是萎缩
- 判断经济增长速度

趣闻！

GDP最高的三个国家

美国

中国

日本

衡量方式

消费 ＋ 投资 ＋ 政府支出 ＋ 净出口

GDP

GDP，即国内生产总值（Gross Domestic Product），用于衡量经济规模。本质上，它用货币衡量一个国家某一年（或者其他时期）所生产的全部产品和服务。

为何重要

追踪一国的 GDP，我们可以知道两件事：

» 一国经济的总体规模。
» 经济是在增长还是萎缩，以及相应的速度。

投资人、政府以及其他一些人密切关注 GDP 的变化，因为它通常被认为是衡量经济表现的最佳指标。

在经济繁荣时期，GDP 应该保持稳定的增长速度（扩张），人们普遍能够找到工作，公司开始赢利，通常情况下股价也会上涨。

经济萎缩时会出现相反的状况，被称作衰退，此时工人失业，公司亏损。如果不加以遏制，衰退可能会导致经济死亡螺旋（请参考大萧条时期）。各国政府密切关注 GDP，寻找经济可能走向衰退的蛛丝马迹，以便采取措施避免或缓解衰退。

衡量方式

GDP 包含四个基本组成部分：

» 消费——你（和其他人）购买的所有东西，例如一辆新车、一件毛衣或一袋日用品，几乎都会被计入 GDP。

» 投资——公司建造新工厂或开发商建新公寓都属于投资。

» 政府支出——这包括联邦政府的军队支出以及地方政府修路的支出。

» 净出口——如果一个国家向国外输送的商品和服务多于它进口的商品和服务，超出部分将被计入 GDP。如果该国的进口额大于出口额（称为贸易逆差），则差额要从 GDP 中减去。

奇闻趣事

» 美国是世界上最大的经济体，GDP 约为 20 万亿美元。中国和日本紧随其后。

» 如果加利福尼亚是一个国家，它将成为世界第五大经济体，排在英国、印度和法国之前。

» GDP 仅包括桌上交易。这意味着非法毒品交易、卖淫和邻居私下给保姆的工资都不计算在内。

要点回顾

» GDP 用于衡量经济规模。

» 许多人密切关注 GDP 的变化，以获取有关经济状况的信号。

» GDP 涉及个人、公司和政府购买的商品与服务，但不涉及黑市交易或私下活动。

出席奥斯卡颁奖典礼的女演员的发型和妆容预算似乎已经超过了几个小国家的 GDP 总和。

——餐巾纸金融公司

通货膨胀

1980 年，买一张电影票只需要不到 3 美元。现在，一张电影票的平均价格约为 9 美元。随着时间推移出现的价格上涨被称为通货膨胀。

> 通货膨胀就是理发的定价是 10 美元，原本你可以只花 5 美元，而现在你得付 15 美元。
>
> ——萨姆·尤因，
> 棒球运动员

发生原因

导致通货膨胀的因素多种多样，包括：

- » 经济发展——经济增长通常伴随着一定程度的通货膨胀。如果一家公司的业绩良好，员工就会获得更多工资奖励。如果人们感到工作有保障，他们就更愿意消费。他们花的钱越多，物价就更有可能上涨。
- » 能源价格——经济在许多方面都依赖石油和其他能源。当能源成本上升时，制造商品、运输商品以及维持商店照明的成本也会上升。这意味着商品和服务的价格也会上涨。
- » 政府政策——如果政府减少税收、降低利率或印刷钞票，将会促进经济增长并加剧通货膨胀。

优点和缺点

如果能像 20 世纪 80 年代那样用 3 美元买张电影票或用 10 万美元买套房的话，可能真的很不错。但是一定程度的通货膨胀有利于经济的运转。另外，轻微的通货膨胀比通货紧缩（价格下跌）要好，因

通货膨胀

定义

随着时间推移，价格上涨

价格
上涨

测量方式
CPI, 即居民消费价格指数

优点和缺点

积极影响
- ⊕ 工资高
- ⊕ 有助于经济发展
- ⊕ 利于借款方

消极影响
- ⊖ 支出高
- ⊖ 严重=不利于经济发展
- ⊖ 不利于贷款方

原因

经济发展　能源价格　政府政策

趣闻
巨无霸指数：通过跟踪全球各地巨无霸汉堡的价格变化来评估通货膨胀

为通货紧缩会使经济陷入全面萧条。

政府政策会影响通货膨胀（参见本章"美联储"一节）。许多政府的目标是将每年的通货膨胀率控制在 2% 左右——这是最佳的通货膨胀状态，缓慢、稳定、积极。

测量方式

政府通过价格指数监测通货膨胀。具体操作方式如下：

第一步：经济学家假设一篮子商品和服务，用来表示一段时期内一个普通家庭所购买的商品和服务。

第二步：跟踪这篮商品和服务在一段时间内的价格变化。

第三步：当人们购买的商品发生变化时，这个篮子可能会有所调整，它的价格也可能会因为质量的提高而变化（你买智能手机比买翻盖手机花的钱多并不仅仅是因为通货膨胀，还因为它是一种更高级的产品）。

在美国，通货膨胀的主要衡量指标被称为 CPI（Consumer Price Index，即居民消费价格指数）。

奇闻趣事

» 巨无霸指数是衡量价格变化的另一个指标。你猜对了，它衡量的是巨无霸汉堡在不同国家的价格差异以及随着时间的推移而出现的价格变化。

» CPI 备受争议。一些专家认为，CPI 的计算方法会让通货膨胀率虚低。这能帮助政府降低成本，因为一些政府支出（例如社会保障金）会随着通货膨胀率上升而增加。

要点回顾

» 通货膨胀描述的是某个经济体的物价在一段时间内的上涨情况。

» 尽管物价上涨看起来很糟糕，但缓慢而稳定的通货膨胀状态通常对经济有利。

» 经济增长、政府政策、商品价格等因素都会影响通货膨胀率。

通货膨胀很讨厌，因为它意味着人人都很有钱，但却什么也买不起。

——餐巾纸金融公司

经济衰退

经济衰退是指经济萎缩且停滞不前的一段时期。更具体地说，经济学家通常将其定义为 GDP 至少连续两个季度下降的一段时期。

表　现

经济衰退是经济螺旋式下行：有时情况可能相当温和，仅仅几个月后经济就能自动恢复平稳（在政府的潜在帮助下）；但有时情况会比较极端。经济衰退通常伴随着下述现象：

» 信心不振——大众和公司开始担心经济。出于这种担忧，他们减少开支。

» 利润下降——当大众和公司的支出减少时，公司的利润下降，甚

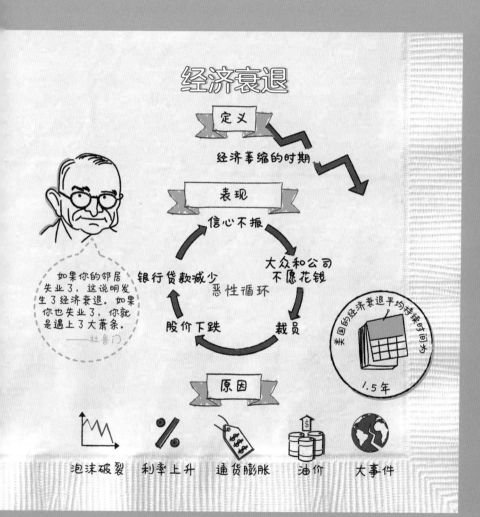

至开始亏损。

» 工人失业——随着利润下降，公司试图削减成本，这就意味着裁员。

» 股价下跌——如果公司的利润下降，公司的股票就会贬值。股价下跌使经济衰退更加严重：当大众和公司觉得自己的财富缩水时（因为他们的投资贬值了），他们就更不会花钱了。

» 银行贷款减少——随着经济下行，银行开始担心发放的贷款得不到偿还。贷款减少也会加剧经济衰退。

原　因

经济衰退是一种很复杂的情况，许多专家对经济衰退的确切原因也持不同意见。下列因素至少能部分解释其背后的原因：

» 泡沫破裂。如果某项投资的价格飙升并超出其实际价值，就会形成泡沫。当泡沫破灭时，这项投资的价格会快速下跌，并可能拉低其他投资的价格。

» 利率上升。较高的利率会阻碍经济发展。

» 通货膨胀。极高的通货膨胀率会使经济难以平稳运行。

» 油价。历史上的几次经济衰退至少部分归咎于石油价格暴涨。

» 大事件。"9·11事件"重挫了股市和消费者的信心，从而导致了2001年的经济衰退。

如何结束

经济的增长和衰退是周期性的。美国的经济衰退最终都结束了——通常是政府出台政策扭转了经济状况。

奇闻趣事

» 美国的经济衰退平均持续时间为 1.5 年。

» 由于 2007—2009 年的经济大萧条，美国有超过 500 家银行倒闭和约 7 000 家公司倒闭。（这就是联邦存款保险出现的原因。）

要点回顾

» 经济衰退是指经济萎缩的一段时期。

» 在经济衰退期间，信心不振、利润减少、收入下降、失业率上升。

» 虽然经济萧条看起来糟糕透顶，但它最终都会结束。

通过精心计划、辛勤工作以及与其他五个人共享一个网飞账户，你可以从经济衰退中恢复过来。

——**餐巾纸金融公司**

美联储

美联储是美国的中央银行，它的首要作用是确保美国的经济和金融系统平稳运行。

美联储

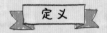

定义

美国联邦储备系统

美国的中央银行
维持经济和金融系统平稳运行

他眉毛的挑动
据说暗示利率上升

美联储前主席
艾伦·格林斯潘

目标

最大化
就业

控制通货
膨胀

方式

买卖投资

控制短期利率

其他工具

政治化?
美联储主席由总统任命，但应该保持政治独立

目　标

美联储有两个官方目标：

» 最大化可持续就业。
» 维持稳定的物价（例如调节通货膨胀）和适度的长期利率。

如何实现目标

美联储的工具箱如下表所示：

工　具	方　法	作　用
利率	» 美联储控制着短期利率 » 虽然美联储不能控制抵押贷款或信用卡的利率，但它的决策会影响它们的利率	降低利率会刺激经济增长和通货膨胀，提高利率则会"踩刹车"
市场调控	美联储可以买卖美国国债，有时候还可以进行其他投资	» 美联储可以通过购买长期国债来降低长期利率，从而进一步提振经济 » 购买证券具有为市场增加资金的效果，这就是人们说美联储"印钞"的原因 » 为了应对2008—2009年的金融危机，稳定经济，美联储购买了数万亿美元的抵押贷款支持证券
自主调控	如果经济陷入困境，美联储或许能想出各种扶持办法	在金融危机期间，美联储通过安排并购活动来防止出现大规模的银行倒闭事件（这样的话，那些陷入困境的银行可以被收购而不至于破产）

不得不知

由于美联储可能需要采取不受执政党欢迎的决策（例如在经济过热时提高利率），所以它应该保持政治独立。但是，由于美联储主席是由总统任命的，总统对其施加影响也并不罕见。

奇闻趣事

» 虽说美联储有"印钞"的作用，但它实际上并不印刷钞票，那是美国财政部的工作。

» 当美联储表示（或暗示）可能降息时，股市通常会跳升；当美联储宣布加息计划时，股市通常会下跌。机警的交易员会密切关注美联储前主席艾伦·格林斯潘的一举一动，甚至不放过他眉毛的挑动，以寻求有关美联储下一步行动的线索。

要点回顾

» 美联储旨在维持美国经济和金融系统的平稳运行。

» 美联储控制着某些利率，并能根据具体需求以其他方式影响金融系统。

美联储调控美国经济，而"火种"（Tinder）调控你的爱情生活。

——餐巾纸金融公司

章节测验

1. GDP 代表：

　A. 产品需求的增长，即与上一年相比，经济所需的商品和服务的增
　　 长量。

　B. 国内生产总值，指一个国家在一段时间内生产的商品和服务的总
　　 价值。

　C. 每日总利润，指一个经济体的日平均收益额。

　D. 政府的恶作剧，指总统内阁在优兔上发布跑酷视频的频道名称。

2. GDP 是下列哪项的最佳衡量指标：

　A. 经济状况。

　B. 通货膨胀水平。

　C. 英语学位的投资回报率。

　D. 你在毕业舞会上找到舞伴的可能性。

3. GDP 的组成部分不包括以下哪项：

　A. 投资。

　B. 政府支出。

　C. 地下交易。

　D. 净出口。

4. 判断题：中国是世界上最大的经济体。

　□ 正确　　　　　　　□ 错误

5. 通货膨胀何时会发生？

　A. 政府夸大 GDP 水平时。

　B. 你的"火种"约会对象夸大他的身高时。

　C. 你吃了太多的墨西哥卷饼时。

　D. 商品和服务的价格随时间上涨时。

6. 通货膨胀:

A. 完全不好,因为它意味着物价上涨,人们买的东西更少了。

B. 好,只要缓慢稳定就行。

C. 不好,因为你想在约会时穿高跟鞋。

D. 是另一种让你感到自己一文不值的方法。

7. 通货紧缩是:

A. 爱国者队(Patriots)对待橄榄球的方式。

B. 你暗恋对象对你的自尊心的影响。

C. 经济出现负增长。

D. 商品和服务的价格随时间下降。

8. 经济衰退是:

A. 经济出现负增长的一段时期。

B. 失业率下降的一段时期。

C. 你喜欢的节目停播的一段时期。

D. 你的毛囊在说:"再见!"

9. 经济衰退期间通常不会发生下列哪件事情:

A. 股价下跌。

B. 工人失业。

C. 政府关闭。

D. 银行贷款减少。

10. 判断题:美国的经济衰退最终都会结束。

□ 正确　　　　　□ 错误

11. 美联储是:

A. 美国的中央银行。

B. 美国货币的主要发行方。

C. 尼古拉斯·凯奇的电影。

  D. 美国的备用水供应机构。

12. **美联储的主要目标是：**

  A. 让人们觉得有人在掌舵。

  B. 最大化年度 GDP 增长。

  C. 最大化可持续就业和调节通货膨胀。

  D. 与马克·扎克伯格合照。

13. **美联储用于实现其目标的主要工具包括：**

  A. 惩罚在经济衰退期间裁员的公司。

  B. 提高或降低短期利率以及买卖证券。

  C. 在经济不景气时，从天空往下扔现金。

  D. 宜家的万能扳手。

14. **判断题：美联储应该保持政治独立，因为它有时可能需要采取一些减缓经济增长的行动。**

  □ 正确　　　　　　□ 错误

答　案

1. B　　2. A　　　3. C　　4. 错误　5. D　　6. B　　　7. D　　　8. A

9. C　　10. 正确　　11. A　12. C　　13. B　　14. 正确

第十章

财务报表入门

财务报表 🔍

定义

关于公司财务状况和表现的报告

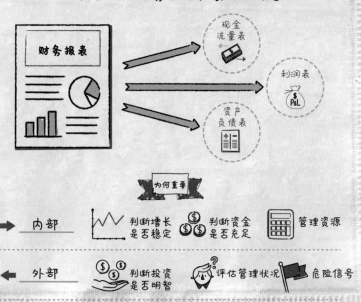

- 现金流量表
- 利润表 $P\&L
- 资产负债表

为何重要

➡️ **内部**　判断增长是否稳定　判断资金是否充足　管理资源

⬅️ **外部**　判断投资是否明智　评估管理状况　危险信号

财务报表

财务报表是公司用于衡量其经营状况的各种报告。

为何重要

财务报表对公司自身很有用，因为它们可以说明：

- » 哪些业务正在蓬勃发展，哪些业务正在苦苦挣扎。
- » 总利润是在增长还是萎缩，以及增加或减少的量。
- » 公司是否有足够的资金维持平稳运营。
- » 公司的债务负担是否合理。

外部投资者、监管机构和其他用户也可以通过财务报表：

- » 决定是否购买一家公司的股票并预测其未来利润。
- » 判断一家公司是否有能力偿还贷款。
- » 确保一家公司没有伪造账目或经营违法业务。
- » 明确管理者的投资决策是否正确。

类　型

公司通常会汇总资产负债表、利润表和现金流量表。

名　称	用　途	重要性
资产负债表	说明公司在特定时间点所拥有的资产以及债务	显示公司是否有资源履行其义务
利润表	说明公司在特定时段内（如一年内）的销售、支出和利润	赢利趋势对外部投资者和公司自身都至关重要
现金流量表	描述公司在特定时段内的现金流入和流出情况	利润表和现金流量表所衡量的内容不同，但两者都很重要。例如，现金流量表能说明客户是否付账

奇闻趣事

» 一种经典的会计造假手段是，公司把其日常业务费用归为"投资"类。这样做意味着公司不必在利润表中计入这些支出，从而夸大利润［我们都在看着你，世界通信公司（WorldCom）］。

» 会计负责统计奥斯卡奖的选票［当《爱乐之城》（*La La Land*）被错误地宣布为最佳影片时，这就是他们的错］。

要点回顾

» 财务报表衡量的是一家公司的经营状况。
» 财务报表主要有资产负债表、利润表和现金流量表。

财务报表相当于商界的问候语："你过得怎么样？"

——**餐巾纸金融公司**

利润表

利润表显示的是公司在特定时期内的收入和支出。

利润表的基本公式为：收入（销售额）- 支出 = 利润（净收入）或净亏损。

具体内容

收入（销售额）很简单：它是用金钱来衡量公司在其主要业务活动中的销售情况。对于服装店来说，收入是指一段时期的总销售额（扣除退货或折扣成本后）。

支出通常包含各种成本，比如：

» 所售商品的成本——商店为在售衣服支付的钱。

» 员工工资。

» 租金、水电费、注册费、营销费以及其他经营业务的基本费用。

» 折旧——假设商店拥有一辆卡车，卡车每年都会变旧并损失一点价值。这种损失需通过折旧计算得出。

» 任何债务的利息支出。

» 税金。

为何重要

» 利润表的主要作用是计算出某企业在特定时期内是否赚钱，以及赚了多少或赔了多少。

» 了解公司不同业务的赢利状况有助于公司提高绩效。例如，某

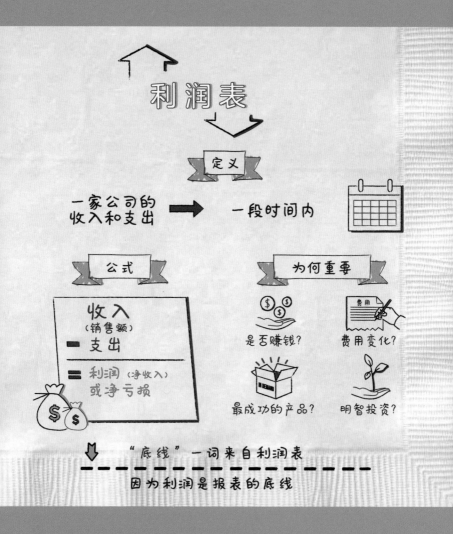

家服装店销售珠宝首饰的利润为 25%，销售牛仔裤的利润仅为 10%，并且珠宝首饰卖得更好，那它就会决定多卖珠宝首饰，少卖牛仔裤。

» 潜在投资者在投资之前，可能希望查看公司过去几个季度的利润表。

奇闻趣事

» 在特斯拉还没获得过年利润之前，它的价值就已达数百亿美元。不过，特斯拉之所以值这么多钱，是因为投资者相信它将来会赚大钱。

» 泰科（Tyco）公司前首席执行官丹尼斯·科兹洛夫斯基因欺诈行为锒铛入狱，他用公款买的东西包括一套价值 6 000 美元的紫金色浴帘。

要点回顾

» 利润表显示了公司在特定时期内的销售额、支出和利润。

» 利润表可以提供有价值的信息，既能帮助公司自身制定经营决策，也能让潜在的外部投资者有所参考。

有盈有亏比从未赢利好得多。

——餐巾纸金融公司

资产负债表

资产负债表是财务状况的快照，显示一家公司在特定时间点所拥有的资产和负债。

> 一个人的负债是另一个人的资产。
>
> ——保罗·克鲁格曼，
> 经济学家

基础知识

资产负债表始终遵循相同的公式，即：资产 = 负债 + 权益。

资产可以是任何能够带来或将会带来利益的东西。负债是一种需要公司（或个人）在未来花费资源的义务。权益意味着所有权，它是资产减去负债后剩下的部分。

构　成

一家公司的资产负债表可能会显示下列内容：

资　产	负　债	权　益
现金和投资 应收账款 库存 机器 土地	债务 应付账款 应付薪金 应付税款 预收收入	实收资本（例如所有者投入公司的款项） 留存收益（例如累积收益）

用　途

投资者可以使用资产负债表：

资产负债表

定义

一家公司在特定时间点所拥有的资产和负债

» 判断公司股票的价值。
» 评估公司财务状况是否良好。

贷款方可以使用资产负债表：

» 决定是否将钱借给一家公司。
» 确定一家公司能否偿还所借资金。

公司内部人员可以使用资产负债表：

» 确保公司有足够的资金支付即将产生的费用。
» 了解自上一年起公司发生的资产和负债变化。

奇闻趣事

» 资产负债表并不能反映全部情况。例如，公司不能把拥有的好品牌或优秀员工算作资产，即使他们也能带来实质利益。
» "做假账"（cook the books）一词并非源于烹饪业的会计欺诈案例。实际上，它源于"cook"一词的另一种含义，意为更改或修改。

要点回顾

» 资产负债表显示的是一家公司在某个时间点的资产和负债情况。
» 投资者、贷款方和公司内部人员可能出于各种目的使用资产负债表。

如果资产负债表的经纬密度为 1 000 纱织，它就会更受欢迎。

——**餐巾纸金融公司**

负　债

负债是一件需要你（或公司）在未来付钱或花费资源的事情。例如，你的助学贷款就属于负债，因为你将来必须偿还它。

类　型

公司和个人可能会有各种负债。

公　司	个　人
债券	信用卡余额
欠供应商的款项	助学贷款
欠员工的薪水	抵押贷款
税金	未付账单
退休金	任何你承诺要做的事情

优点或缺点

尽管"负债"一词听起来很糟糕（就像是你那位脾气暴躁的叔叔坐在感恩节餐桌前让大家觉得有负担一样），但承担负债也有些好处。如果你可以通过助学贷款上大学，那么你很有可能在将来赚到更多钱。

如果一家公司借债发展业务，那么它最终可能获得更强大的财务支持。如果该公司的负债源于收入税，或者是因为业务蒸蒸日上而欠雇员的钱，那这些负债不一定是坏事。

负债有助于公司预测未来的资金流失，但是就其本身而言，较高的负债并没有好坏之分。

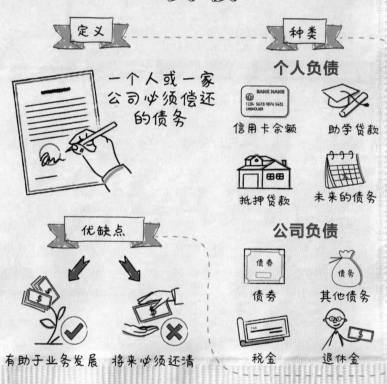

奇闻趣事

» 收款可能会造成负债。公司如果收到预付款，就会产生预收收入的负债（因为它欠客户一些东西）。

» 另一种经典的会计造假手段是：公司创建一个单独的法人实体来购买其不良资产或代其承担额外债务。如果这个新实体在法律上独立于母公司，母公司就不必在财务报表中分享具体细节（说的就是你，安然公司）。

要点回顾

» 负债是个人或公司将来必须为之付钱或出力的事情。

» 各种类型的债务一般都被算作负债，服务承诺也可以算作负债。

» 尽管负债代表欠款，但较高的负债不一定是件坏事。

债务、诉讼和婚礼上喝得烂醉如泥的客人都属于负债。

——餐巾纸金融公司

章节测验

1. 公司内部使用财务报表是为了：

A. 找出谁在大量偷纸。

B. 弄清每个月要用多少厕纸。

C. 找出哪种会计欺诈行为最不容易被发现。

D. 找出最畅销的产品和服务。

2.外部人员可以利用公司的财务报表:

A. 窃取公司身份并申请退税。

B. 对董事会的关注点进行排名。

C. 找到公司的弱点并摧毁它。

D. 决定是否进行投资。

3.主要的财务报表不包括以下哪项:

A. 资产负债表。

B. 收益负债表。

C. 现金流量表。

D. 利润表。

4.判断题:利润表与损益表是一回事。

☐ 正确　　　　　☐ 错误

5.利润表的基本公式为:

A. 收入 − 支出 = 利润。

B. 资产 = 负债 + 权益。

C. 金钱 = 幸福。

D. 收购旧比特币 + 谷歌 IPO 股份 = 游艇。

6.支出可能包括:

A. 数小时的办公室闲聊。

B. 梦幻足球的失利。

C. 员工工资和销售成本。

D. 股东分红。

7.判断题:一家公司若想自己的股票值钱,就必须赢利。

☐ 正确　　　　　☐ 错误

8.资产负债表显示:

A. 特定时期内现金的流入和流出。

B. 公司在特定时间点拥有的资产和负债。

C. 公司上一年支出的费用。

D. 公司的酸碱平衡。

9. **资产类型不包括下列哪项：**

A. 现金。

B. 机器。

C. 员工平均受教育水平。

D. 土地。

10. **判断题：权益或所有权是公司资产减去负债后剩下的部分。**

□ 正确　　　　　□ 错误

11. **公司负债包括：**

A. 售出货物的成本。

B. 与公司职能部门的员工配偶进行的强制性对话。

C. 千禧一代雇员的辣椒酱支出。

D. 欠供应商、员工和其他人的钱。

12. **个人负债包括：**

A. 信用卡余额以及助学贷款。

B. 401（k）供款以及储蓄账户的自动转账。

C. 醉酒时没法不给前任发短信。

D. 忘记清除浏览器历史记录。

13. **判断题：公司接收尚未完成的工作的预付款会产生负债。**

□ 正确　　　　　□ 错误

答　案

1. D　　2. D　　3. B　　　4. 正确　　5. A　　　6. C　　　7. 错误

8. B　　9. C　　10. 正确　　11. D　　12. A　　13. 正确

第十一章

货币的未来

加密货币

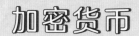

定义

可以以电子方式发送的数字货币

加密
数字加密

200美元=0.026枚比特币 · 发送

货币
货币系统

 加密货币 VS **法定货币**

加密货币	法定货币
去中心化	中心化
数字交换媒介	实体交换媒介
限量供应	无限供应
新鲜	成熟
匿名	非匿名

风险
- ⚠ 黑客攻击
- ⚠ 欺诈
- ⚠ 无保护
- ⚠ 波动大

举例

比特币　以太币　瑞波币　比特现金　柚子币　恒星币　莱特币　艾达币　约塔币　泰达币

加密货币

加密货币是一种数字货币，人们可以以电子方式将其发送到世界上任何地方。

加密货币与传统货币

与政府支持的传统货币相比，加密货币是一种依靠复杂加密技术和在线用户网络来运行的系统。它们之间的区别在于：

加密货币	法定货币或传统货币
去中心化——加密货币不受个人、政府或公司控制	中心化——传统货币由政府实体发行和监管
数字交换媒介——加密货币仅存在于线上并且只能在线交易（尽管有些公司喜欢出售纪念品并将其称为实物比特币）	实体交换媒介——传统货币可以以数字形式存在，例如在你的银行账户里，但也可以以纸币和硬币的形式存在
限量供应——为了保值，加密货币通常限量发行	无限供应——政府总是可以印刷更多钞票，这可能会造成通货膨胀，使法定货币贬值
匿名——加密货币交易无法追溯到真实的个人	非匿名——传统货币交易通常可以追溯到真实的个人
新鲜——第一代加密货币，即比特币，是 2009 年推出的	成熟——主流货币已经存在了很久

致富快，风险大

加密货币是金融界一个令人兴奋但又有争议的存在。

由于加密货币的价值飙升，一些投资者几乎在一夜之间成了百万富翁。但是，潜在的巨大回报可能伴随着巨大风险。投资加密货币的风险包括：

» 黑客攻击——存储加密货币的数字钱包很容易受到黑客攻击。

» 诈骗——骗子可能会先宣传一种虚假的新型加密货币，然后在一夜之间消失。

» 无保护——如果你购买的加密货币明天消失或突然一文不值，那么你将无能为力。

» 波动大——加密货币的价格可能会眨眼间从 0 美元涨到数千美元，或者瞬间回落。相比之下，股市看起来更温和。

> 当创新促成更快、更安全、更高效的支付系统后，虚拟货币……前途可观。
>
> ——本·伯南克，
> 美联储前主席

奇闻趣事

» 截至 2019 年，已有 2 000 多种加密货币，总价值超过 1 000 亿美元。

» 新的加密货币百万富翁还有另一个共同点：喜欢万智牌。由于加密货币投资热，近年来，价值最高的万智牌的价格已上涨了 10 倍。

» 你正在寻找另一条加密货币致富之路吗？试试《迷恋猫》（CryptoKitties）吧！这是一款基于区块链的游戏，用于收集和出售数字猫咪。一只迷恋猫的售价已经高达 170 000 美元。

要点回顾

» 加密货币是一种通过用户网络存在于线上的数字货币。

» 与传统货币不同，加密货币不受中央政府或其他实体的控制。

» 一些加密货币投资者已经迅速致富，但投资风险巨大。

加密货币不像在后备厢出售的铂金包，无法伪造。

——餐巾纸金融公司

比特币

比特币是世界上第一种也是最成功的加密货币。

成功之路

2008 年：世界经济一片混乱，大众对传统金融体系缺乏信心。一位自称中本聪的人发表了一篇论文，解释了数字点对点货币的工作原理。

2009 年：中本聪挖掘了第一枚比特币——相当于印刷新货币时的第一张纸钞。同年，他设定了比特币兑美元的汇率，允许人们购买比特币。

2010 年：佛罗里达州的一名男子用 10 000 枚比特币买了两张比

> 比特币对银行的影响就像是电子邮件对邮递业的影响。
>
> ——里克·福尔克文奇，
> 技术挑衅者

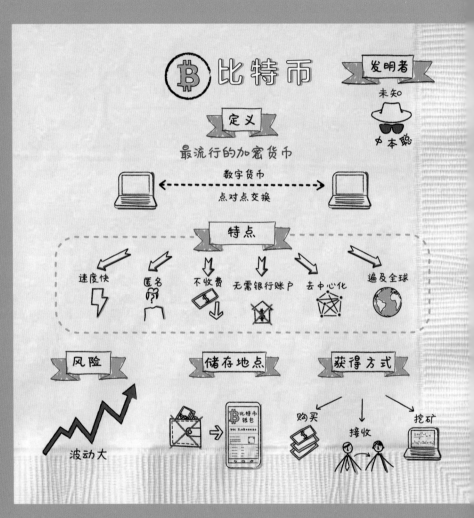

萨饼，比特币首次被用于进行实物交易。

2012—2013 年：一枚比特币的价格超过 100 美元，之后又超过了 1 000 美元。

2014—2018 年：比特币成为主流的货币。它已成为贝宝等一些大公司接受的付款方式。到 2018 年，1/20 的美国人都拥有一些比特币。

获得方式

获得比特币的方法有三种：

> 购买——你可以像用美元兑换欧元或其他传统货币一样，用其他货币购买比特币。

> 接收——你可以用商品或服务换取比特币。

> 挖矿——你可以成为比特币矿工，付出大量算力解决复杂的数学问题，从而获得比特币奖励。

> 对书呆子来说，比特币就是黄金。
>
> ——斯蒂芬·科尔伯特，
> 艺人

价格忽高忽低

比特币也许是最成熟的加密货币，但它还远未被驯服。在其短暂的历史中，它的价格从每枚不到 0.01 美元的低点升至近 50 000 美元，后来又暴跌。

奇闻趣事

> 如果那个在佛罗里达州用比特币买比萨的男子一直持有那些比特币，那么它们的最终价值将超过 2 000 万美元。

> 一名威尔士男子在扔掉他的计算机硬盘时，损失了价值超过 1 亿

美元的比特币，真是不幸。该设备现在被埋在他家附近的垃圾填埋场。

» 据报道，温克莱沃斯兄弟（电影《社交网络》中的角色）在比特币上进行了足量投资，在比特币价格大跌之前一度成为亿万富翁。

要点回顾

» 比特币是最早而且最成熟的加密货币。

» 尽管现在有一些大公司支持比特币，但它仍未被广泛接受，而且其价格可能会大幅波动。

» 你可以通过购买、接收或挖矿来获得比特币。

没有什么比听一个刚了解比特币的人向一个对它一无所知的人解释比特币更有趣的了。

——餐巾纸金融公司

ICO

ICO，即首次代币发行（Initial Coin Offering），是公司通过创造和发行新型数字货币来筹集资金的一种方式。一般情况下，公司的早期投资者会成为公司的部分所有者（例如通过在该公司 IPO 时投资）。相比而言，通过 ICO，投资者会获得一些新型货币，它们最终可能价值不菲，也可能变得一文不值。

ICO

定义

公司筹集资金的一种方式

如何运作

出售加密 代币

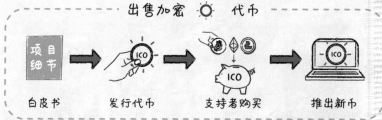

白皮书　　发行代币　　支持者购买　　推出新币

**创业公司钟爱
ICO的原因** ♥

筹资　　更多　　无所有
成本较低　控制权　权稀释

趣闻！
小弗洛伊德·梅威瑟
曾为一场ICO站台，
那次ICO筹集了
3 000万美元

如何运作

在 ICO 期间：

» 公司出售代币。

» 支持者通常用一种成熟的虚拟货币（例如以太币或比特币）作为交换，购买这些代币。

» 如果在设定期限内所筹资金达到最低的金额要求，代币就会转换为一种新的加密货币。

» 如果所筹资金没有达到最低的金额要求，资金就会被退还给投资者。

创业公司钟爱 ICO 的原因

公司可以通过 ICO 享受众多好处，包括：

» 筹资成本低——公司进行 ICO 比进行 IPO 更容易，也更便宜。

» 无所有权稀释——当公司出售股份时，初始所有者的所有权会减少，而 ICO 不会影响初始所有者的所有权。

» 更多控制权——当风投公司向初创企业注资时，它们通常会获得对这家公司业务的发言权。通过 ICO，创始人可以保持更多控制权。

对投资者的利弊

利	弊
» 参与优质创业公司的机会 » 参与一场颠覆性运动的机会 » 赚大钱的机会	» 披露不力 » 缺乏监管 » 可能难以撤资 » 存在黑客窃取资金的风险 » 代币的价值可能会大幅波动 » 诈骗风险

奇闻趣事

» 许多运动员和名人都在追赶 ICO 的潮流。小弗洛伊德·梅威瑟曾为一家基于区块链的预测市场公司的 ICO 站台，那次 ICO 筹集了 3 000 万美元。

» 大麻币、猫币、性币和华堡币都是现有的加密货币。在俄罗斯的汉堡王店，你可以用足够的华堡币免费兑换汉堡。

要点回顾

» ICO 是另一种 IPO，是通过创造一种新型加密货币来筹集资金的方式。

» ICO 能为公司带来许多好处，包括筹资成本低以及更多控制权，但可能会给投资者带来重大风险。

ICO 代币与大富翁游戏用的仿币之间的区别在于：游戏仿币可以循环利用。

——餐巾纸金融公司

区块链

区块链是比特币和其他加密货币所依赖的底层创新技术。尽管区块链的运作机制有些晦涩难懂，但它最主要的创新在于创建了一份无法更改或销毁的永久性记录。这能让它在加密货币之外的领域也发挥作用。

运作方式

区块链就像一个巨大的公共电子数据表。但是不同于你在 Excel 中创建的内容，区块链创建的条目本质上是不可更改的。这是因为该电子数据表经过加密后被分布在一个广泛的用户网络中。

现有条目无法编辑，而新条目又不断以"区块"的形式被添加到链的末尾，每个区块都通过一连串数字与前一个区块相连。最终，你将得到一份无法更改的信息记录。

> 区块链是由复杂数学支撑的记录体系。
>
> ——爱德华·斯诺登，
> 前政府承包商和国际逃犯

优　势

区块链的主要优势是：

» 可信。如果一条记录无法被修改（例如，银行不能失手抹掉你账户末尾的零），那么你就可以信任它。

» 没有中间人。由于区块链遍布整个网络，所以没有核心人或核心

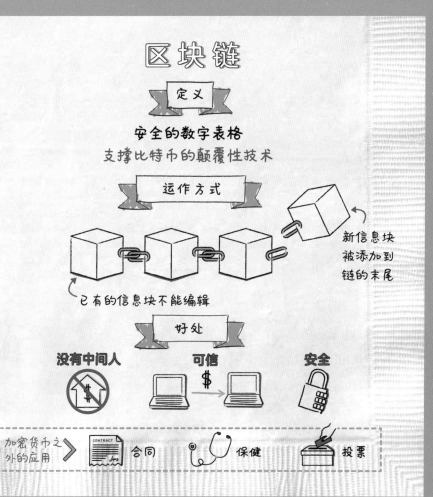

区块链

定义

安全的数字表格
支撑比特币的颠覆性技术

运作方式

新信息块
被添加到
链的末尾

已有的信息块不能编辑

好处

没有中间人   **可信**   **安全**

加密货币之外的应用 ➤ CONTRACT 合同   保健   投票

组织控制信息（或金钱）的流动。

» 安全。由于信息经过加密处理而且去中心化，个人或组织基本上不可能侵入这些信息。

加密货币之外的应用

区块链不仅仅和金钱有关，它还有可能影响无数其他类型的交易和行业，包括：

» 合同——无论是转让房产还是签订商业合同，借助区块链技术，之前商议好的所有条款都可以是公开的、可验证的，同时也很安全。

» 保健——医疗提供者可以通过区块链安全、有效地分享敏感信息。

» 投票——作为一种安全、匿名但可验证的技术，区块链可以被用来统计票数。

奇闻趣事

» 由于挖掘新币耗能巨大，区块链支撑的比特币所消耗的电量超过159个国家的总用电量。

» 歌手伊莫金·希普正在使用区块链建立一个"公平交易"的音乐系统，让艺术家能够从自己的作品中获得足够的报酬。

要点回顾

» 区块链是支撑比特币和其他加密货币的技术。

» 区块链的主要创新之处在于：创建了一个不可篡改的记录保存系统。

» 虽然区块链目前主要用于加密货币，但它可以被用于投票、合同、音乐等各个领域。

区块链是支撑比特币的颠覆性技术，而苹果手机是支撑拖延症的颠覆性技术。

——餐巾纸金融公司

章节测验

1. 加密货币是：

A. 一种免税账户，可以用来支付未来的葬礼费用。

B. 电子仿币。

C. 加密的数字货币。

D. 火人节"礼物经济"唯一接受的货币类型。

2. 加密货币与传统货币之间的差异不包括下列哪项：

A. 传统货币的价值在通货膨胀时受保护，而加密货币则不受保护。

B. 传统货币由政府支持，而加密货币不是。

C. 你不能抛洒加密货币。

D. 有没有白人老总统的头像。

3. 投资加密货币的风险包括：

A. 在聚会上饱受关注。

B. 机器人起义。

C. 政府有可能没收你的加密货币。

D. 价格大幅波动。

4. **判断题：现在有 2 000 多种加密货币。**

☐ 正确　　　　　　☐ 错误

5. **制造新比特币的过程被称为：**

A. 挖矿。

B. 铸造。

C. 清理。

D. 获取比特 AF。

6. **判断题：比特币被视为最成熟的加密货币是因为其价格非常稳定。**

☐ 正确　　　　　　☐ 错误

7. **判断题：由于比特币是一种纯数字货币，所以你不能用它购买传统公司的商品或服务。**

☐ 正确　　　　　　☐ 错误

8. **ICO 是：**

A. 把退休储蓄全都投进去也万无一失的发财方式。

B. 公司的一种筹资方式。

C. QVC 公司出售纪念币。

D. 埃隆·马斯克的搭讪用语。

9. **对于进行 ICO 的公司而言，ICO 可能是一笔不错的交易，因为：**

A. 公司起码能得到最低筹资额。

B. 联邦政府对其进行严格监管。

C. 公司通常不必放弃任何所有权或控制权。

D. 活动会发放免费的手提袋。

10. **投资者买入 ICO 时要权衡：**

A. 将收益投资于股市还是更多 ICO。

B. 用收益购买 S 型特斯拉还是 X 型特斯拉。

C. 进行分散投资还是只专注于一项。

D. 赚大钱的机会与失去所有投资资金的可能。

11. **区块链是：**

A. 支撑比特币的颠覆性记录保存技术。

B. 一连串用于挖掘比特币的计算机。

C. 一家旧录像带租赁公司。

D. 硅谷宣布独立之前要在周围搭建的一堵坚不可摧的围墙。

12. **区块链的重大创新是：**

A. 创造可以欺骗政府的人工智能机器人。

B. 创建一种高度安全的信息存储方式。

C. 颠覆虚拟现实技术。

D. 为各地的计算机极客创造机会，让他们终于可以搬出母亲的地下室。

13. **判断题：区块链在加密货币之外的领域也有应用前景。**

☐ 正确　　　　　☐ 错误

14. **判断题：区块链非常环保高效。**

☐ 正确　　　　　☐ 错误

答　案

1.C　　　2. A　　　3. D　　　4. 正确　　5. A　　　6. 错误　　7. 错误

8. B　　　9. C　　　10. D　　　11. A　　　12. B　　　13. 正确　14. 正确

第十二章

让朋友们刮目相看的派对话题

72 法则

72 法则是一种用给定利率或收益率计算出投资资金翻倍所需时间的简单方法。

算 法

这个法则是用 72 除以年利率。

如果你的收益率是 7%，那么资金翻倍所需的时间是：72/7 = 10.3 年。

如果你的收益率是 2%，那么资金翻倍所需的时间是：72/2 = 36 年（心痛）。

是非概念

用 72 法则估算资金翻倍的时间很方便，但它并不是一种精确的算法。计算确切时长的数学方法要复杂得多（尽管你可以借助在线计算器）。此外，在现实世界中，每年（或每十年）的回报率通常都不稳定。

建 议

我们在小学时就学过，分母越大，数值越小。这或许并不惊人，但是让你的资金更快翻倍（然后再翻一番）的最佳方法之一就是寻求更高的回报率。你可以通过以下方式来增加资金：

» 把长期用不着的资金投资于股票。凭借 10% 的历史回报率，股票能让投资者的资金平均每 7 年翻一番。

» 不要设立没有任何收益的账户。除非迫不得已，否则不要把钱存入利率为 0 的活期账户。即便是应急基金，你也可以把它存入高收益的储蓄账户。

» 让钱自己增值。72 法则的前提是复合增长。如果你每年都把赚的利息取出来花掉，那么你的钱永远不会翻倍。

奇闻趣事

» 虽然人们普遍认为是爱因斯坦发现了 72 法则，但它更可能是由一位名叫卢卡·帕西奥利的意大利数学家在 15 世纪后期发现的。帕西奥利还创立了现代会计学。

» 要想知道你的钱多久能翻三倍，就用 114 除以利率。要想知道你的钱翻四倍需要多长时间，就用 144 除以利率。

要点回顾

» 72 法则是一种快速简便地估算你的资金在给定收益率下多久能翻倍的方法。

» 为了让资金更快地翻倍，你可以努力寻求更高的收益率，例如投资股票或者把钱留在银行生息，而不是把它取出来。

---

72 法则是积累复利的捷径，吃甜甜圈则是积累脂肪的捷径。

——餐巾纸金融公司

众　筹

众筹是通过互联网向大众筹集资金的一种方式。公司或个人可以借助 Kickstarter 等众筹网站的平台推广需要筹资的创意并接收捐款。

运作方式

典型的众筹活动如下：

第一步：确定一个创意，然后算出让创意变为现实所需的资金量。

第二步：选择一个众筹网站。写好推销词，然后开始推广。

第三步：通过社交媒体或者任何其他渠道推广你的想法。努力让尽可能多的人看到，进行病毒式传播！

第四步：大量收集捐款以达到你的筹款目标（希望如此），将想法变为现实。

类　型

类型	做法	例子
捐款式	捐钱给有需要的人，不奢求回报	GoFundMe CrowdRise
奖励式	给尝试开发产品的创业者 20 美元，作为交换，在研发成功后，你要最先体验产品	Kickstarter Indiegogo
股权式	和买股票一样，投资一家新公司并获得部分股权	ScedInvest Wefunder
贷款式	把钱借给需要的人，然后在一段时间后获得利息	Lendingclub Prosper

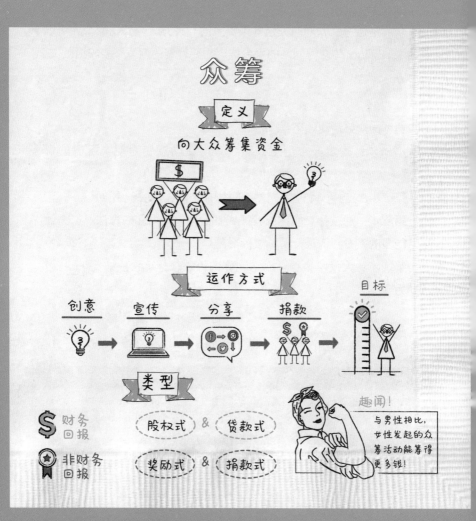

利 弊

对 象	利	弊
融资者	» 简单容易 » 能接触到广大受众	» 你要先向熟人借钱（有点尴尬） » 无法保证能否达到目标
捐款者或投资者	» 帮助真人而不是匿名的公司 » 优先参与到一份炫酷的事业中	» 没什么保障，可能遇到骗局 » 捐款通常不可免税

奇闻趣事

» 有些商业计划虽然不够完善，但仍在 Kickstarter 上筹到了数千美元的资金，其中包括：制作土豆沙拉，将《神秘博士》（*Doctor Who*）式的警察亭纳入轨道，以及让莱昂纳尔·里奇的充气大头环游世界。

» 由女性主导的众筹活动往往能比男性发起的活动筹集到更多资金，这可能是因为人们认为女性更值得信赖。

要点回顾

» 众筹是通过互联网上的小额捐款来筹集大量资金的一种方式。

» 众筹可用于募集慈善捐款或创业资金。

» 尽管众筹对于融资者和捐款者而言都是一种轻松便捷的方式，但这种方式对双方的保障都不足。

举办一场聚餐活动是一种集资的好方法。

——餐巾纸金融公司

慈　善

　　慈善是一种回馈。它是用你所拥有的资源——无论是金钱、实物商品还是时间和精力，去帮助那些需要帮助的人。有些人可能是为了税收减免而加入慈善事业，另一些人则认为慈善事业可以让生活更有意义，让他们与他人产生联系。

> 要想往前走，你就得还回去一些东西。
>
> ——奥普拉·温弗里

回馈方式

　　帮助他人的方式有很多种，包括：

» 帮助当地的贫困者。

» 捐钱给线上筹款人。

» 为非营利机构提供钱、罐头之类的食品、其他物品或贡献你的时间。

» 创办非营利机构来解决一项尚未有人着手解决的挑战。

» 进行影响力投资——让你的资金以一种既能增值又能帮助社会或造福地球的方式运作。

社会问题

　　你可以把钱捐给专门解决某个特定挑战的机构，例如以下方面：

» 公民权利。

慈善♥

定义

时间 商品 金钱

回馈

回馈方式

♥ 帮助贫困者。
♥ 捐钱给线上筹款人。
♥ 捐助非营利机构。
♥ 创办非营利机构。
♥ 进行影响力投资。

社会问题

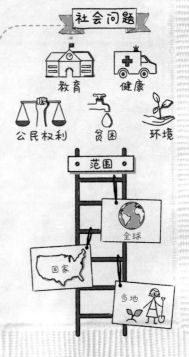

教育 健康

公民权利 贫困 环境

范围

全球

国家

当地

» 教育。

» 环境。

» 健康。

» 贫困。

你还可以考虑捐助的范围，
例如：

» 当地——在你们家后院帮助有
需要的人，或在当地的食物救
济站做义工。

» 国家——帮助灾民、向医学研究组织捐款或从事保护国家自然保
护区的工作。

» 全球——给世界上最需要帮助的一些人捐款，比如为战区提供医
疗服务，为难民提供食物或为贫困儿童提供教育。

> 我一直尊重那些努力让世
> 界变得更好而不仅仅是抱
> 怨的人。
>
> ——迈克尔·布隆伯格，
> 商人和政治家

不得不知

如果你是为了税收减免而做慈善，你就需要了解一些规则。无论
是现实生活中的捐赠还是通过众筹平台的捐赠，对个人的捐赠通常都
不可减税。此外，在申请税收减免时，你必须进行逐项扣除。

奇闻趣事

» 《捐赠誓言》(the Giving Pledge) 是一份由沃伦·巴菲特和比尔·盖
茨及梅琳达·盖茨夫妇制定的协议，它号召亿万富翁将他们的大
部分财富捐出。世界各地已经有近 200 人签署了该协议。

» 女性比男性更有可能向慈善机构捐款，而且平均比男性捐款

更多。

» 一些公司将卖货和做慈善结合在一起。眼镜零售商沃比·帕克（Warby Parker）和制鞋公司汤姆斯（Toms）每卖出一副眼镜或一双鞋都会捐出一份。

要点回顾

» 慈善是把你生活中拥有的各种资源（金钱、时间或专业知识）传递下去。

» 根据你需要做出的贡献以及想要产生的影响，有许多种捐赠方式。

» 捐款可以享受税收减免，但是申请扣除有各种规则限制。

抱歉，给在食物救济站帮忙的人们的照片点赞并不能算作慈善。

——餐巾纸金融公司

对冲基金

对冲基金（类似共同基金）将投资者的资金集中起来，并雇用一名或多名专业经理进行投资。不同于共同基金，对冲基金仅受轻度监管，而且风险通常很高。你可以将它视为加强型共同基金。

对冲基金与共同基金

毫无疑问，对冲基金和共同基金的主要共同点是两者都是基金。

对冲基金 $

定义

受轻度监管的投资基金

特点

仅对有钱的
投资人开放

投资领域灵活

不透明

费用高

有赎回限制

不得不知

"对冲"的意思是
抵消投资风险

但许多对冲
基金并不是这样

趣闻

康涅狄格州，
格林尼治

对冲基金业
的中心

但是，它们有很大差别。

区　别	对冲基金	共同基金
谁可以投资？	富人（监管机构设定了最低资产和收入水平）	任何人
可以投资哪些领域？	任何领域——从传统股票、债券到衍生品，再到人寿保险合同	投资范围有严格的法律限制，而且大部分都是普通股票和债券
你知道你的基金中都有什么吗？	不确定。对冲基金没必要告诉投资者（或政府）投资标的	知道。共同基金必须定期提交报告，在报告中详细说明每笔投资
费用高吗？	非常高。一般的认购费用由两部分构成：投资总额的 2% 外加 20% 的利润	适中。共同基金的平均管理费率约为 0.5%
退出一项投资容易吗？	不容易。对于投资者何时能（或不能）提取资金通常有严格的限制	容易。投资者通常可以在任何一个交易日赎回共同基金的股票

种　类

对冲基金的种类很多，包括：

> 对冲基金是一种寻找策略的费用结构。
>
> ——佚名

» 多空型——押注不同股票的涨跌。

» 激进型——买入遭遇困境的公司的大量股份，努力改变它以增加股票价值。

» 宏观型——押注全球经济大问题，例如中国经济可能陷入衰退或美元可能下跌。

» 不良债务型——以折扣价购买濒临破产的公司的债务。

» 电影型——有些基金投资电影。

» 艺术型——一些基金管理着一篮子高价值的艺术品。

奇闻趣事

» "对冲"一词在投资中具有特定含义,即通过用一项投资抵消另一项投资的风险来降低风险。一个常见的误解是对冲基金会规避风险——有些是,但很多都不是。

» 伯尼·麦道夫的对冲基金曾是世界上规模最大的。

» 正如硅谷是科技界的中心,康涅狄格州的格林尼治是对冲基金业的中心。

要点回顾

» 对冲基金类似于共同基金,是由专业人士管理的汇集投资者资金的基金。

» 与共同基金不同,对冲基金通常收取高额费用,向投资者披露的信息有限,而且会限制投资者撤回资金的时间。

» 尽管对冲基金可以遵循许多不同类型的投资策略,但它通常是一项高风险的投资选择。

对冲基金是投资合伙关系的别名,就像手指裤是手套的别名一样。

——**餐巾纸金融公司**

看不见的手

"看不见的手"是亚当·斯密提出的一种经济理论。根据这一理论，当人们出于自己的利益行事时，整个社会会在无意中受益。在市场经济中，一只看不见的手将每个人的行动导向最有利于社会的方向（理论上如此）。

作用原理

"看不见的手"理论认为，市场经济创造了一个良性循环。

第1步：人们努力赚钱。他们创办公司，销售商品和服务。

第2步：其他人决定自己要购买多少某样东西。如果他们购买某样东西较多，公司就会多生产那样东西。如果他们购买某样东西较少，公司就会少生产那样东西。

第3步：好的公司生意兴隆，差的公司生意不景气。

> 我们所期待的晚餐不是来自屠夫、酿酒师或面包师的仁慈善举，而是来自他们对自己利益的考虑。
>
> ——亚当·斯密，
> 经济学家

第4步：赚的钱越多，花的钱就越多，从而更多人有事可做，人人过得更好。

奇闻趣事

» 亚当·斯密餐桌上的晚餐并不只是出于屠夫和面包师的私利——他的母亲在去世前一直给他做晚餐，直到他60多岁的时候。

» 套用杰夫·戈德布卢姆在《侏罗纪世界》中所说的话：资本主义

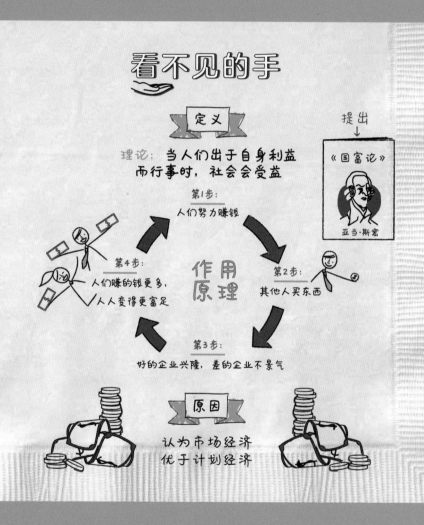

会找到出路的。在监狱等受限制的经济体中，香烟、黄金和美元都曾充当替代货币。（在美国监狱中，拉面已取代香烟成为首选货币。）

要点回顾

» "看不见的手"理论认为，当人们可以自己决定如何赚钱和买什么东西时，社会和经济会变得更好。

» "看不见的手"理论通常被用于为市场经济辩护。

你绝对不希望市场那只看不见的手向你竖中指。

——餐巾纸金融公司

博弈论

博弈论是一种经济模型，用于预测人们在棘手的情况下如何做决策。

模　型

博弈论的经典模型被称为囚徒困境：假设两名共犯被警察逮捕，他们的获刑时长取决于他们是认罪还是保持沉默。

博弈论

定义

用于预测人们如何做决策的模型

囚徒困境

博弈论经典模型

自利与皆大欢喜

我该认罪吗？
不论他怎么做，
我认罪都对我更
有利

我该认罪吗？
不论他怎么做，
我认罪都对我更
有利

预测→都将认罪并坐牢！

用途

商务谈判

企业策略

赌博

军事战术

情　境	囚徒甲认罪 并且检举囚徒乙	囚徒甲不认罪
囚徒乙认罪并且检举 囚徒甲	两人都认罪→都获刑 5 年	囚徒乙认罪→不获刑 囚徒甲不认罪→获刑 8 年
囚徒乙不认罪	囚徒甲认罪→不获刑 囚徒乙不认罪→获刑 8 年	两人都不认罪→都获刑 6 个月

　　显然，最好的情况是谁都不认罪。但是因为警察在不同房间审讯囚徒甲和囚徒乙，所以他们并不知道对方会怎么选择。

　　从囚徒甲的角度来看，无论囚徒乙是否认罪，囚徒甲都最好认罪并揭发囚徒乙。如果囚徒乙确实认罪并揭发了囚徒甲，那么由于主动坦白，囚徒甲的服刑时长会从 8 年减为 5 年。如果囚徒乙不认罪，则囚徒甲会因为坦白并揭发囚徒乙而将服刑时长从半年变为免受刑罚。

　　从囚犯乙的角度来看，结果也是一样。根据该模型的预测，最终他们俩将相互揭发。这被称为纳什均衡（Nash equilibrium）——以提出该理论的经济学家约翰·纳什的名字命名。

用　途

　　在实际生活中，博弈论可以用于模拟决策，例如：

» 商务谈判。
» 赌博。
» 企业策略。
» 军事战术。

奇闻趣事

» 当一些研究人员用真实的囚犯来检验囚徒困境时，囚犯们在模型预测的不到一半时间内就供出了对方。（当然，他们得到的回报是咖啡和香烟，而不是减刑。）

» 博弈论已经被用于模拟诸如古巴导弹危机等核问题僵局的结果。（目前为止似乎很奏效，因为我们都还活着呢。）

» 在电影《美丽心灵》（*A Beautiful Mind*）中，当约翰·纳什和他的朋友们都想和酒吧里的一个美女搭讪时，他受到了博弈论的启发。他意识到如果所有人都去搭讪，那么没人会吸引到她。最后他们都没去和美女搭讪，而是选择了她的朋友们。

要点回顾

» 博弈论是一种预测人们在战略情境下如何做决策的模型。

» 由于无法预测或控制另一方的行为，所以博弈论通过观察一方的决策来模拟行为。

» 博弈论可用于模拟商业和军事决策。

如果将一枚棋子放在耳边，你就会听到关于博弈论的详尽解释。

——**餐巾纸金融公司**

章节测验

1. 72 法则是：

  A. 一个关于投资的经验法则——如果一个人到 72 岁时还没钱，那他永远不会变得富有。

B. 用于决定你该持有多少股票的经验法则。

C. 一种估算在给定回报率下资金翻倍所需时间的方式。

D. 一位奇葩朋友对约会对象的年龄范围的描述。

2. **众筹是：**

A. 一种通过从很多人那里骗取少量现钱来赚取回报的方法。

B. 一种从互联网上获得投资创意的方式。

C. 在音乐会上偷别人的钱包。

D. 一种通过互联网的力量从很多个人那里筹集资金的方法。

3. **开展众筹活动的关键步骤包括：**

A. 选择一个众筹网站并撰写宣传文案。

B. 向美联储提交方案。

C. 身穿布满美元符号的奇装异服。

D. 向最成功的高中同学发送 Venmo（移动支付程序）请求。

4. **众筹的类型包括：**

A. 股权式——投资者获得企业的部分所有权。

B. 贷款式——投资者获得利息回报。

C. 奖励式——投资者可以获得融资产品的早期版本。

D. 上述所有。

5. **判断题：在众筹活动中投资的一个优势是，你的投资通常由联邦存款保险公司担保。**

□ 正确　　　　　　　□ 错误

6. **人们参与慈善事业的主要原因包括：**

A. 有机会赚大钱。

B. 享受税收优惠及其带来的温暖感觉。

C. "天堂可能存在"。

D. 还没意识到慈善的意义。

7. 回馈的方式包括：

A. 给咖啡师小费。

B. 使用金属吸管。

C. 关心自己。

D. 影响力投资。

8. 判断题：针对贫困个人发起的众筹活动的捐款通常不可减税。

□ 正确　　　　　□ 错误

9. 对冲基金是：

A. 规避风险的共同基金。

B. 一种监管宽松的基金，通常收取高额费用。

C. 你的园丁一直想让你投资的东西。

D. 一些实际上无所事事的骗子说会帮你管理的东西。

10. 与没有投资门槛的共同基金不同，要想投资对冲基金，你必须：

A. 证明你有一定水平的资产或收入。

B. 首先通过关于投资知识的测试。

C. 和基金经理的姐夫一起打高尔夫球。

D. 成为骷髅会（Skull and Bones）的成员。

11. 判断题：对冲基金受到良好监管，目前还没有发生过任何重大丑闻或欺诈事件。

□ 正确　　　　　□ 错误

12. 简而言之，"看不见的手"是：

A. 当室友问谁拿走了他所有的啤酒时，你给出的借口。

B. 从薪水中扣除保险的另一种说法。

C. 一种主张市场经济胜于计划经济的经济学理论。

D.《城市词典》（Urban Dictionary）中收录的一句脏话。

13. 与计划经济相反，市场经济的特征是：

A. 有更多卡戴珊家族。

B. 舞会是合法的，而不是非法的。

C. 一个是集中的股票市场，另一个是分散的市场。

D. 人们自己决定如何谋生和消费，而不是政府决定。

14. 博弈论是：

A. 用于预测战略性决策的经济模型。

B. 加密货币投资者使用的交易策略。

C. 一个关于《堡垒之夜》的红迪网论坛。

D. 沃伦·巴菲特挑选股票的方法。

15. 博弈论可用于：

A. 企业策略。

B. 军事战术。

C. 恋爱大师策略。

D. 上述所有。

答 案

1. C   2. D   3. A   4. D   5. 错误 6. B   7. D   8. 正确

9. B   10. A   11. 错误 12. C   13. D   14. A   15. D

结　语

恭喜你读完了这本书！现在你很富有了（知识方面）！

希望你现在可以满怀信心地将新学的技能付诸实践，比如：检查你的信用评分，查看你的401（k）账户余额，或者着手给你的应急储蓄账户存钱。

在放下这本书后，无论你是继续赚大钱还是再次搬回去和父母合住，至少你有能力做出更好的财务决策了。

金钱无法买来幸福，但在宾利里哭总比在公交车上哭强。如果你想看到更多餐巾纸上的金融知识，请访问 NapkinFinance.com。

——餐巾纸金融公司

致　谢

　　本书的完成离不开众多人士的关心和付出。感谢支持餐巾纸金融学团队并给予宝贵建议、进行批注和提供想法的每一位人士。我们团队为本书的出版贡献了源源不断的力量和热情，并坚持推动餐巾纸金融学以鼓励千百万人。

　　首先，我要感谢餐巾纸金融学团队的全体人员。感谢伊丽莎白·利里用连珠妙语让《餐巾纸金融学》读起来有趣、有料，让人爱不释手、收获满满。她是我们最优秀的团队成员，才华横溢且总能从容应对压力，鲜有人能像她一样把金融学讲述得如此精彩。伊丽莎白，我将永远感恩你在《餐巾纸金融学》之旅中的陪伴。感谢格雷格·弗里德曼让插图和餐巾纸完美融合。我们有幸得到你的指导并见识到你在创造书中插图时施展的魔法。谢谢我们的秘密武器威迪，你拥有让插图跃然纸上的天赋，总能用独特而有趣的方式讲述故事。还有伊登·德雷格和亚历杭德罗·比恩–威尔纳，谢谢你们呈现的喜剧才华和精巧笔触。

　　其次，感谢联合精英经纪公司的出版主管伯德·莱维尔，谢谢你一直看好"餐巾纸金融学"这个想法。如果没有你的支持，这本书就不会存在。感谢戴伊街图书出版社和哈珀柯林斯出版集团的编辑马修·达多纳、朱莉·保劳斯基和肯德拉·牛顿，谢谢你们的辛勤工作和不懈努力。

再次，感谢哈佛商学院的全体教职员工，以及我最喜欢的金融学教授米希尔·德赛，是你的精彩课程为《餐巾纸金融学》带来了最初的灵感源泉。

最后，我要感谢我的家人。我的父母——梅赫扎德和约翰·哈伊，谢谢你们对我无条件的爱。谢谢你们这么多年来一直支持我的每一个疯狂想法和梦想，在生命中遇到你们是我的万幸。我的善良、聪颖的好姐姐阿托萨，我的姐夫亚历克斯，还有我的三个宝贝劳伦、乔纳森和茉莉娅·涅霍莱，你们给我带来了无数的启迪。还要感谢我的哥哥戴维，你不知道我有多爱你、敬重你。

参考文献

第一章　理财基础知识

1. Anderson, Joel. "Survey Finds Most Common Reasons Americans Use Emergency Funds." *GO Banking Rates*, May 24, 2018. https://www. gobankingrates.com/saving-money/budgeting/how-americans-use-emergency-fund.

2. Armstrong, Martin A. "Part I of IV—A Brief History of World Credit & Interest Rates." Armstrong Economics. Accessed March 2, 2019. https://www.armstrongeconomics. com/research/a-brief-history-of-world-credit-interest-rates/3000-b-c-500-a-d-the-ancient-economy.

3. BankRate. "Credit Card Minimum Payment Calculator." Accessed March 2, 2019. https:// www.bankrate.com/calculators/credit-cards/ credit-card-minimum-payment.aspx.

4. Bawden-Davis,Julie. "10 Powerful Quotes from Warren Buffett That'll Change Your Perception About Money and Success." SuperMoney. Last updated June 2, 2017. https:// www.supermoney.com/2014/04/10-powerful-personal-finance-quotes-from-warren-buffett.

5. Bella, Rick. "Clackamas Bank Robber Demands $1, Waits for Police to Take Him to Jail." Oregon Live. Updated January 2019. Posted in 2014. https://www.oregonlive.com/ clackamascounty/2013/08/

clackamas_bank_robber_demands.html.

6. Board of Governors of the Federal Reserve System. "Consumer Credit-G.19." February 7, 2019. https://www.federalreserve.gov/releases/g19/current/#fn3a.

7. Board of Governors of the Federal Reserve System. "Report on the Economic Well-Being of U.S. Households in 2017." Published May 2018. https://www.federalreserve.gov/ publications/files/2017-report-economic-well-being-us-households-201805.pdf.

8. Bureau of Labor Statistics. "Consumer Expenditure Surveys." Last modified September 11,2018. https://www.bls.gov/cex/tables.htm#annual.

9. El Issa, Erin. "How to Combat Emotional Spending." *U.S. News & World Report*, February 28,2017. https://money.usnews.com/money/blogs/my-money/articles/2017–02–28/how-to-combat-emotional-overspending.

10. *Forbes*. "Thoughts On the Business of Life." Accessed on March 2, 2019. https://www.forbes.com/quotes/1274.

11. Freedman, Anne. "Top Five Uninsurable Risks." *Risk & Insurance*, September 2, 2014. https://riskandinsurance.com/top-five-uninsurable-risks.

12. Huddleston, Cameron. "58% of Americans Have Less Than $1,000 in Savings." *GO Banking Rates*, December 21, 2018. https://www.gobankingrates.com/saving-money/savings-advice/average-american-savings-account-balance.

13. Jellett, Deborah. "The 10 Strangest Things Ever Insured." *The Richest*, May 10, 2014. https://www.therichest.com/rich-list/the-most-shocking-

and-bizarre-things-ever-insured-2.

14. Jézégou, Frédérick. "If You Think Nobody Cares If You're Alive, Try Missing a Couple of Care Payments." *Dictionary of Quotes*, November 23, 2008. https://www.dictionary-quotes. com/if-you-think-nobody-cares-if-you-re-alive-try-missing-a-couple-of-car-payments-flip-wilson.

15. Marks, Gene. "This Bank Will Take Cheese as Collateral." *Washington Post*, April 17, 2017.https://www.washingtonpost.com/news/on-small-business/wp/2017/04/17/this-bank-will-take-cheese-as-collateral/?noredirect=on&utm_term=.928e4f2fdff7.

16. Merriman, Paul A. "The Genius of Warren Buffett in 23 Quotes." *MarketWatch,* August19,2015.https://www.marketwatch.com/story/the-genius-of-warren-buffett-in-23-quotes-2015–08–19.

17. Mortgage Professor. "What Is Predatory Lending?" Last updated July 18, 2007. https:// mtgprofessor.com/A%20-%20Predatory%20Lending/what_is_predatory_lending.htm.

18. Peterson, Bailey. "Credit Card Spending Studies(2018 Report): Why You Spend More When You Pay With a Credit Card." ValuePenguin. Accessed on March 2, 2019. https://www. valuepenguin.com/credit-cards/credit-card-spending-studies.

19. Pierce, Tony. "$1 Bank Robbery Doesn't Pay Off for Man Who Said He Was Desperatefor Healthcare." *Los Angeles Times*, June 21, 2011. https://latimesblogs.latimes.com/ washington/2011/06/1-bank-robbery-doesnt-pay-off-for-healthcare-hopeful.html.

20. Randow, Jana and Kennedy, Simon. "Negative Interest Rates." *Bloomberg*, March 21, 2017.https://www.bloomberg.com/quicktake/

negative-interest-rates.

21. Tsosie, Claire and El Issa, Erin. "2018 American Household Credit Card Debt Study." NerdWallet. December 10, 2018. https://www. nerdwallet.com/blog/average-credit-card-debt-household.

22. Tuttle, Brad. "Cheapskate Wisdom from . . . Benjamin Franklin." *Time,* September 23, 2009.http://business.time.com/2009/09/23/cheapskate-wisdom-from-benjamin-franklin-2.

第二章 信用规划

1. Carrns, Ann. "New Type of Credit Score Aims to Widen Pool of Borrowers." *New York Times,*October26,2018.https://www.nytimes. com/2018/10/26/your-money/new-credit-score-fico.html.

2. Credit Karma. "How Many Credit Scores Do I Have?" May 14, 2016. https://www.creditkarma.com/advice/i/how-many-credit-scores-do-i-have.

3. CreditScoreDating.com. "CreditScoreDating.com: Where Good Credit is Sexy." Accessed on March 2, 2019. www.creditscoredating.com.

4. Dictionary.com. "Credit." Accessed on March 2, 2019. https://www. dictionary.com/browse/credit.

5. Eveleth, Rose. "Forty Years Ago, Women Had a Hard Time Getting Credit Cards." Smithsonian.com,January8,2014.https://www. smithsonianmag.com/smart-news/forty-years-ago-women-had-a-hard-time-getting-credit-cards-180949289.

6. Fair Isaac Corporation. "5 Factors that Determine a FICO® Score." September 23, 2016. https://blog.myfico.com/5-factors-determine-fico-score.

7. Fair Isaac Corporation. "Average U.S. Fico Score Hits New High." September 24, 2018. https://www.fico.com/blogs/risk-compliance/average-u-s-fico-score-hits-new-high.

8. Garfinkel, Simpson. "Separating Equifax from Fiction." *Wired*, September 1, 1995. https:// www.wired.com/1995/09/equifax.

9. Gonzalez-Garcia,Jamie. "Credit Card Ownership Statistics." CreditCards.com. Updated on April 26, 2018. https://www.creditcards.com/credit-card-news/ownership-statistics.php.

10. Guy-Birken,Emily. "8 Fun Facts About Credit Cards." WiseBread. May 24, 2018. https://www..com/8-fun-facts-about-credit-cards.

11. Herron, Janna. "How FICO Became 'The' Credit Score." *BankRate,* December 12, 2013. https://finance.yahoo.com/news/fico-became-credit-score-100000037.html.

12. Rotter, Kimberly. "A History of the Three Credit Bureaus." CreditRepair.com. AccessedonMarch2,2019.https://www.creditrepair.com/blog/credit-score/credit-bureau-history.

13. United States Census Bureau. "U.S. and World Population Clock." Accessed on March 3, 2019. https://www.census.gov/popclock.

第三章　买低卖高的投资

1. Ajayi, Akin. "The Rise of the Robo-Advisors."Credit Suisse, July 15, 2015. https://www. credit-suisse.com/corporate/en/articles/news-and-expertise/the-rise-of-the-robo-advisers-201507.html.

2. Allocca, Sean. "Goldman Sachs Comes to Main Street with 'Broader' Wealth Offering." *Financial Planning*,October22,2018.https://www.financial-planning.com/news/goldman-sachs-marcus-robo-advisor-

merge-wealth-management.

3. American Oil & Gas Historical Society. "Cities Service Company." Accessed March 2, 2019.https://aoghs.org/stocks/cities-service-company.

4. Anderson, Nathan. "15 Weird Hedge Fund Strategies That Investors Should Know About."ClaritySpring.August24, 2015. http://www.clarityspring.com/15-weird-hedge-fund- strategies.

5. Bakke, David. "The Top 17 Investing Quotes of All Time." Investopedia. Updated November30,2016.https://www.investopedia.com/financial-edge/0511/the-top-17-investing-quotes-of-all-time.aspx.

6. Collinson, Patrick. "The Truth About Investing: Women Do It Better than Men." *Guardian,* November24,2018.https://www.theguardian.com/money/2018/nov/24/the-truth-about-investing-women-do-it-better-than-men.

7. Damodaran, Aswath. "Annual Returns on Stock, T. Bonds and T. Bills: 1928-Current."NYU Stern School of Business. Updated January 5, 2019. http://pages.stern.nyu. edu/~adamodar/New_Home_Page/datafile/histretSP.html.

8. Deloitte. "The Expansion of Robo-Advisory in Wealth Management." August 2016. https:// www2.deloitte.com/content/dam/Deloitte/de/Documents/financial-services/Deloitte-Robo-safe.pdf.

9. De Sousa, Agnieszka and Kumar, Nishant. "Citadel Hires Cumulus Energy Traders;Hedge Fund Shuts." *Bloomberg*, April 27, 2018. https://www.bloomberg.com/news/articles/2018–04–27/citadel-hires-cumulus-founder-and-fund-s-traders-in-energy-push.

10. Elkins, Kathleen. "Warren Buffett Is 88 Today—Here's What He

Learned from Buying His FirstStock at Age 11." CNBC, August 30, 2018. https://www.cnbc.com/2018/08/30/when-warren-buffett-bought-his-first-stock-and-what-he-learned.html.

11. Eule, Alex. "As Robo-Advisors Cross $200 Billion in Assets, Schwab Leads in Performance."*Barron's*,February3,2018.https://www.barrons.com/articles/as-robo-advisors-cross-200-billion-in-assets-schwab-leads-in-performance-1517509393.

12. Fidelity Investments. "Who's the Better Investor: Men or Women?" May 18, 2017. https:// www.fidelity.com/about-fidelity/individual-investing/better-investor-men-or-women.

13. Hamilton, Walter. "Madoff's Returns Aroused Doubts." *Los Angeles Times*, December 13, 2008. http://articles.latimes.com/2008/dec/13/business/fi-madoff13.

14. Hiller, David, Draper, Paul, and Robert Faff. "Do Precious Metals Shine? An Investment Perspective." CFA Institute. March/April, 2006. https://www.cfapubs.org/doi/pdf/10.2469/ faj.v62.n2.4085.

15. Loomis, Carol J. "The Inside Story of Warren Buffett." *Fortune*, April 11, 1988. http://fortune.com/1988/04/11/warren-buffett-inside-story.

16. Merriman, Paul A. "The Genius of John Bogle in 9 Quotes." *MarketWatch*, November 25, 2016. https://www.marketwatch.com/story/the-genius-of-john-bogle-in-9-quotes-2016–11–23.

17. Ross, Sean. "Has Real Estate or the Stock Market Performed Better Historically?" Investopedia. Updated February 5, 2019. https://www.investopedia.com/ask/answers/052015/which-has-performed-better-historically-stock-market-or-real-estate.as.

18. Shoot, Brittany. "Banksy 'Girl with Balloon' Painting Worth Double After Self-Destructing AtAuction."Fortune,October8,2018.http://fortune.com/2018/10/08/banksy-girl-with-balloon-self-destructed-video-art-worth-double.

19. Siegel, Rene Shimada. "What I Would—and Did—Say to New Grads." Inc., June 19, 2013. https://www.inc.com/rene-siegel/what-i-would-and-did-say-to-new-grads.html.

20. Udland, Myles. "Buffett: Volatility Is Not the Same Thing as Risk, and Investors Who Think It Is Will Cost Themselves Money." *Business Insider*, April 6, 2015. https://www. businessinsider.com/warren-buffett-on-risk-and-volatility-2015–4.

21. Walsgard, Jonas Cho. "Betting on Death Is Turning Out Better Than Expected for Hedge Fund." *Bloomberg,* February 11, 2019. https://www.bloomberg.com/news/articles/2019–02–11/betting-on-death-is-turning-better-than-expected-for-hedge-fund.

第四章　大学学费规划

1. Bakke, David. "The Top 17 Investing Quotes of All Time." Investopedia. Updated November 30,2016.https://www.investopedia.com/financial-edge/0511/the-top-17-investing-quotes-of-all-time.aspx.

2. Bloom, Ester. "4 Celebrities Who Didn't Pay off Their Student Loans Until Their 40s." CNBC,May12,2017.https://www.cnbc.com/2017/05/12/4-celebrities-who-didnt-pay-off-their-student-loans-until-their-40s.html.

3. The College Board. "Average Estimated Undergraduate Budgets 2018–19." Accessed March2,2019.https://trends.collegeboard.org/

college-pricing/figures-tables/average-estimated-undergraduate-budgets-2018–19.

4. The College Board. "Average Rates of Growth of Published Charges by Decade." Accessed March2,2019.https://trends.collegeboard.org/college-pricing/figures-tables/average-rates-growth-published-charges-decade.

5. The College Board. "Trends in College Pricing 2017." Accessed on March 2, 2019. https:// trends.collegeboard.org/sites/default/files/2017-trends-in-college-pricing_0.pdf.

6. CollegeXpress. "60 of the Weirdest College Scholarships." Carnegie Dartlet. Updated May 2017. https://www.collegexpress.com/lists/list/60-of-the-weirdest-college-scholarships/ 1000.

7. Federal Reserve Bank of St. Louis. "Student Loans Owned and Securitized, Outstanding."Updated February 7, 2019. https://fred.stlouisfed.org/series/SLOAS.

8. Iuliano, Jason. "An Empirical Assessment of Student Loan Discharges and the Undue Hardship Standard." *86 American Bankruptcy Law Journal 495*(2012). Available at SSRN: https://papers.ssrn.com/sol3/papers.cfm?abstract_id=1894445.

9. Martis, Lily. "Best Entry-Level Jobs for College Grads." Monster. Accessed on March 2, 2019. https://www.monster.com/career-advice/article/best-entry-level-jobs.

10. Safier, Rebecca. "Survey: Majority of Student Loan Borrows Don't Know How Interest or Forgiveness Works." Student Loan Hero. Updated on May 15, 2018. https:// studentloanhero.com/featured/

survey-majority-student-loan-borrowers-know-interest-forgiveness-works.

11. Sallie Mae. "How America Pays for College 2018." Accessed on March 2, 2019. https://www.salliemae.com/assets/research/HAP/HAP18_Infographic.pdf.

12. Sunstein, Cass R. "Making Government Logical." *New York Times*, September 19, 2015. https://www.nytimes.com/2015/09/20/opinion/sunday/cass-sunstein-making-government-logicalhtml.html.

13. T. Rowe Price. "Parents of Only Boys Place Greater Priority on College Than Parents of OnlyGirls."September 21, 2017. https://www.prnewswire.com/news-releases/t-rowe-price-parents-of-only-boys-place-greater-priority-on-college-than-parents-of-only-girls-300523653.html.

14. U.S. Army. "Using the GI Bill." Updated November 6, 2018. https://www.goarmy.com/benefits/education-benefits/using-the-gi-bill.html.

15. U.S. Department of Education. "Avoid Scams While Searching for Scholarships, Filling Out the FAFSA ® Form, Repaying Your Student Loans, or Giving Personal Information to Schools and Lenders." Accessed March 2, 2019. https://studentaid.ed.gov/sa/types/scams#dont-pay-for-fafsa.

16. U.S. Department of Education. "iLibrary—Federal School Code List." Accessed March 2, 2019.https://ifap.ed.gov/ifap/fedSchoolCodeList.jsp.

17. U.S. Department of Education. "Types of Aid." Accessed on March 2, 2019. https:// studentaid.ed.gov/sa/types.

18. U.S. Inflation Calculator. "Historical Inflation Rates: 1914–2019."

Coinnews Media Group LLC. Updated on February 13, 2019. https://www.usinflationcalculator.com/inflation/historical-inflation-rates.

19. The Vanguard Group. "What's the Average Cost of College?" The Vanguard Group. AccessedonMarch2,2019.https://investor.vanguard.com/college-savings-plans/average-cost-of-college.

20. The World Bank Group. "GDP(current US$)." Accessed March 2, 2019. https://data. worldbank.org/indicator/NY.GDP.MKTP.CD?year_high_desc=true.

第五章　退休规划

1. "A Growing Cult of Millennials Is Obsessed With Early Retirement. This 72-Year-Old IstheirUnlikelyInspiration."*Money*,April17,2018. http://money.com/money/5241566/vicki-robin-financial-independence-retire-early.

2. Anderson, Robert. "Retirement No Longer Compulsory for Emiratis after 25 Years of Service." *Gulf Business*,June6,2018.https://gulfbusiness.com/retirement-no-longer-compulsory-for-emiratis-after-25-years.

3. Aperion Care. "Retirement Age Around the Globe." Accessed on March 2, 2019. https://aperioncare.com/blog/retirement-age-around-world.

4. Berger, Rob. "Top 100 Money Quotes of All Time." *Forbes*, April 30, 2014. https:// www.forbes.com/sites/robertberger/2014/04/30/top-100-money-quotes-of-all-time/#7ae183444998.

5. "Do the Dutch Have the Pension Problem Solved?" *PBS NewsHour*, November 10, 2013. https://www.pbs.org/newshour/show/do-the-

dutch-have-the-pension-problem-solved.

6. Fidelity Investments. "Fidelity Q3 Retirement Analysis: Account Balances Hit Record Highs 10YearsFollowing Financial Crisis." November 5, 2018. https://www.fidelity.com/bin-public/060_www_fidelity_com/documents/press-release/fidelity-q32018-account-balances-hit-record-highs.pdf.

7. Hylton, J. Gordon. "The Devil's Disciple and the Learned Profession: Ambrose Bierce and thePractice of Law in Gilded Age America." Marquette University Law School. January 1, 1991.https://scholarship. law.marquette.edu/cgi/viewcontent.cgi?referer=https://www.google. co m/&httpsredir=1&article=1474&context=facpub.

8. Mauldin, John. "Someone Is Spending Your Pension Money." *Forbes*, October 26, 2015. https://www.forbes.com/sites/johnmauldin/2015/10/26/someone-is-spending-your-pension-money/#36069e677fd0.

9. Morgan, Richard. "Jimi Hendrix's Family Can't Stop Suing Each Other." *New York Post,* March 24, 2017. https://nypost. com/2017/03/24/jimi-hendrixs-family-cant-stop-suing-each-other-over-estate.

10. Social Security Administration. "What Prisoners Need to Know." Accessed on March 2, 2019.https://www.ssa.gov/pubs/EN-05–10133. pdf.

第六章 资本市场

1. Amadeo, Kimberly. "Wall Street: How It Works, Its History, and Its Crashes." The Balance. Updated January 21, 2019. https://

www.thebalance.com/wall-street-how-it-works-history-and-crashes-3306252.

2. Bowden, Ebony. "History's Biggest 'Fat-Finger' Trading Errors." *The New Daily,* October 2, 2014. https://thenewdaily.com.au/money/finance-news/2014/10/02/historys-biggest-fat-finger-trading-errors.

3. Chen, James. "Bowie Bond." Investopedia, Updated March 7, 2018. https://www.investopedia.com/terms/b/bowie-bond.asp.

4. Clark, Andrew. "The Man Who Blew the Whistle on Bernard Madoff." *Guardian,* March 24, 2010. https://www.theguardian.com/business/2010/mar/24/bernard-madoff-whistleblower-harry-markopolos.

5. Cohn, Laura. "Boost Your IQ with a Good Book." *Kiplinger's Personal Finance,* November2009.

6. Crestmont Research. "Returns over 20-Year Periods Vary Significantly; Affected by the Starting P/E Ratio." Accessed on March 2, 2019. https://www.crestmontresearch.com/docs/Stock-20-Yr-Returns.pdf.

7. "Dow Jones Industrial Average All-Time Largest One Day Gains and Losses." *Wall Street Journal.* Accessed on March 2, 2019. http://www.wsj.com/mdc/public/page/2_3024-djia_alltime.html.

8. Encyclopædia Britannica. "Wall Street." Accessed on March 2, 2019. https://www.britannica. com/topic/Wall-Street-New-York-City.

9. Epstein, Gene. "Prepare for Lower Stock Returns." *Barron's.* Updated January 23, 2018. https://www.barrons.com/articles/prepare-for-lower-stock-returns-1516666766.

10. Faulkenberry, Ken. "Value Investing Quotes, Sayings, & Proverbs: Wisest Men Compilation." Arbor Investment Planner. Accessed on

March 2, 2019. http://www. arborinvestmentplanner.com/wisest-value-investing-quotes-sayings-money-proverbs.

11. First Trust Portfolios L.P. "History of U.S. Bear & Bull Markets Since 1926." Accessed on March 2, 2019. https://www.ftportfolios.com/Common/ContentFileLoader. aspx?ContentGUID=4ecfa978-d0bb-4924–92c8–628ff9bfe12d.

12. Investment Company Institute. "ETF Assets and Net Issuance January 2019." February 27,2019. https://www.ici.org/research/stats/etf/etfs_01_19.

13. Kirchheimer, Sid. "10 Fun Facts About Money." AARP. Accessed on March 2, 2019. https://www.aarp.org/money/investing/info-03–2012/money-facts.html.

14. Landis, David. "ETFs That Miss the Mark." *Kiplinger*, July 31, 2007. https://www.kiplinger.com/article/investing/T022-C000-S002-etfs-that-miss-the-mark.html.

15. Mahmudova, Anora. "Investors Can Bet on Whether People Will Get Fit, Fat, or Old with These.ETFs."*MarketWatch*,June18,2016. https://www.marketwatch.com/story/new-obesity-and-fitness-etfs-follow-demographic-trends-2016–06–09.

16. MFS. "Over90and.Still Active." Accessed on March 2, 2019. https://www.mfs.com/who-we-are/our-history.html.

17. Phung, Albert. "Why Do Companies Issue 100-Year Bonds?" Investopedia. Updated July 2, 2018. https://www.investopedia.com/ask/answers/06/100yearbond.asp.

18. "The World's Largest Hedge Fund Is a Fraud." Securities Exchange Commission, submission on November 7, 2005. https://www.sec.gov/

news/studies/2009/oig-509/exhibit-0293.pdf.

19. Waxman, Olivia B. "How a Financial Panic Helped Launch the New York Stock Exchange." *Time*, May 17, 2017. http://time.com/4777959/buttonwood-agreement-stock-exchange.

20. World Gold Council. "FAQs." Accessed on March 2, 2019. http://www.spdrgoldshares.com/usa/faqs.

21. World Gold Council. "Gold Bar List and Inspectorate Certificates." Accessed on March 2,2019. http://www.spdrgoldshares.com/usa/gold-bar-list.

22. Yahoo! Finance. "Amazon.com, Inc.(AMZN)." Accessed on March 1, 2019. https://finance. yahoo.com/quote/AMZN/key-statistics?p=AMZN.

第七章　税务简说

1. Beck, Emma. "Cutting That Bagel Will Cost You: Weird State Tax Laws." *USA Today,* March31,2013.https://www.usatoday.com/story/money/personalfinance/2013/03/31/odd-state-tax-laws/1951911.

2. Dodds, Colin. "Dr. Dre: Most Influential Quotes." Investopedia. Accessed on March 2, 2019.https://www.investopedia.com/university/dr-dre-biography/dr-dre-most-influential-quotes.asp.

3. eFile.com. "Unusual but Legitimate Tax Breaks." Accessed on March 2, 2019. https://www. efile.com/legitimate-tax-breaks-and-unusual-extraordinary-qualified-tax-deductions-and-tax-exemptions.

4. Internal Revenue Service. "Tax Quotes." Page last reviewed or updated on August 21, 2018. https://www.irs.gov/newsroom/tax-quotes.

5. Intuit. "10 Strange but Legitimate Federal Tax Deductions." Intuit

Turbotax, updated for Tax Year 2017. Accessed on March 2, 2019. https://turbotax.intuit.com/tax-tips/tax-deductions-and-credits/10-strange-but-legitimate-federal-tax-deductions/L6A6QzGiV.

6. Intuit. "11 Strange State Tax Laws." Updated for Tax Year 2018. Accessed on March 2, 2019. https://turbotax.intuit.com/tax-tips/fun-facts/12-strange-state-tax-laws/L4qENY2nZ.

7. James, Geoffrey. "130 Inspirational Quotes About Taxes." *Inc.*, April 13, 2015. https://www. inc.com/geoffrey-james/130-inspirational-quotes-about-taxes.html.

8. Leary, Elizabeth. "Special-Needs Families May Get Squeezed by Tax Reform." CNBC, November 9, 2017. https://www.cnbc. com/2017/11/09/special-needs-families-may-get-squeezed-by-tax-reform.html.

9. Sifferlin, Alexandra. "Tax Day Hazard: Fatal Crashes Increase on April 15." *Time*, April 11, 2012.http://healthland.time.com/2012/04/11/tax-day-hazard-fatal-crashes-increase-on-deadline-day.

10. Tax Policy Center. "How Could We Improve the Federal Tax System?" Accessed on March2,2019.https://www.taxpolicycenter.org/briefing-book/what-other-countries-use-return-free-tax-filing.

11. Welsh, Monica. "Student Loan Interest Deduction." H&R Block. February 20, 2018. https:// www.hrblock.com/tax-center/filing/adjustments-and-deductions/student-loan-deduction.

13. Wood, Robert W. "Defining Employees and Independent Contractors." *Business Law Today*, Volume 17, Number 5. American Bar Association, May/June 2008. https://apps. americanbar.org/buslaw/blt/2008–05–06/wood.shtml.

第八章 创业规划

1. Del Rey, Jason. "The Rise of Giant Consumer Startups That Said No to Investor Money." *Recode*, August 29, 2018. https://www.recode.net/2018/8/29/17774878/consumer-startups-business-model-native-mvmt-tuft-needle.

2. Desjardins, Jeff. "These 5 Companies All Started in a Garage, and Are Now Worth Billions of Dollars Apiece." *Business Insider*, June 29, 2016. https://www.businessinsider.com/billion-dollar-companies-started-in-garage-2016–6.

3. Economy, Peter. "17 Powerfully Inspiring Quotes from Southwest Airlines Founder Herb Kelleher."*Inc.*,January4,2019.https://www.inc.com/peter-economy/17-powerfully-inspiring-quotes-from-southwest-airlines-founder-herb-kelleher.html.

4. Farr, Christina. "Inside Silicon Valley's Culture of Spin." *Fast Company*, May 16, 2016. https://www.fastcompany.com/3059761/inside-silicon-valleys-culture-of-spin.

5. Gaskins, Jr., Tony A. *The Dream Chaser: If You Don't Build Your Dream, Someone Will Hire You to Build Theirs.* New Jersey: Wiley, 2016.

6. *Guinness Book of World Records.* "Most Patents Credited as Inventor." Accessed on March 2, 2019. http://www.guinnessworldrecords.com/world-records/most-patents-held-by-a-person.

7. Hendricks, Drew. "6 $25 Billion Companies That Started in a Garage." *Inc.*, July 24, 2014. https://www.inc.com/drew-hendricks/6–25-billion-companies-that-started-in-a-garage.html.

8. Huet, Ellen. "Silicon Valley's $400 Juicer May Be Feeling the Squeeze." *Bloomberg,* April19,2017.https://www.bloomberg.com/news/features/20170419/silicon-valley-s-400-uicer-may-be-feeling-the-squeeze.

9. Walker, Tim. "The Big Ideas That Started on a Napkin—From Reaganomics to Shark Week."*Guardian*,April10,2017.https://www.theguardian.com/us-news/shortcuts/2017/apr/10/napkin-ideas-mri-reaganomics-shark-week.

10. Zipkin, Nina. "20 Facts About the World's Billion-Dollar Startups." *Entrepreneur,* January 27,2017. https://www.entrepreneur.com/article/288420.

第九章　巫术经济学

1. "The Big Mac Index." *The Economist*, January 10, 2019. https://www.economist.com/ news/2019/01/10/the-big-mac-index.

2. Corcoran, Kieran. "California's Economy Is Now the 5th-Biggest in the World, and Has Overtaken the United Kingdom." *Business Insider*, May 5, 2018. https://www. businessinsider.com/california-economy-ranks-5th-in-the-world-beating-the-uk-2018–5.

3. Davis, Marc. "How September 11 Affected the U.S. Stock Market." Investopedia. September 11,2017.https://www.investopedia.com/financial-edge/0911/how-september-11-affected-the-u.s.-stock-market.aspx.

4. Kaifosh, Fred. "Why the Consumer Price Index Is Controversial." Investopedia. Updated October 12, 2018. https://www.investopedia.com/articles/07/consumerpriceindex.asp.

5. Lazette, Michelle Park. "The Crisis, the Fallout, the Challenge: The Great Recession in Retrospect." Federal Reserve Bank of Cleveland, December 18, 2017. https:// www.clevelandfed.org/newsroom-and-events/multimedia-storytelling/recession-retrospective.aspx.

6. National Association of Theatre Owners. "Annual Average U.S. Ticket Price." Accessed on March 2, 2019. http://www.natoonline.org/data/ticket-price.

7. National Bureau of Economic Research. "US Business Cycle Expansions and Contractions." Accessed on March 2, 2019. https:// www.nber.org/cycles.html.

8. Taylor, Andrea Browne. "How Much Did Things Cost in the 1980s?" *Kiplinger,* April 25, 2018.https://www.kiplinger.com/slideshow/spending/T050-S001-how-much-did-things-cost-in-the-1980s/index.html.

9. Wheelock, David C. "The Great Depression: An Overview." The Federal Reserve Bank of St. Louis. Accessed on March 2, 2019. https:// www.stlouisfed.org/~/media/files/pdfs/ great-depression/the-great-depression-wheelock-overview.pdf.

10. Wolla, Scott A. "What's in Your Market Basket? Why Your Inflation Rate Might Differ from the Average." Federal Reserve Bank of St. Louis. October, 2015. https://research.stlouisfed. org/publications/page1-econ/2015/10/01/whats-in-your-market-basket-why-your-inflation-rate-might-differ-from-the-average.

11. The World Bank. "Gross Domestic Product." January 25, 2019. https:// databank.worldbank. org/data/download/GDP.pdf.

第十章　财务报表入门

1. Freifeld, Karen. "Kozlowski's $6,000 Shower Curtain to Find New Home." *Reuters*, June 14, 2012. https://www.reuters.com/article/us-tyco-curtain-idUSBRE85D1M620120614.

2. Kenton, Will. "What Is Worldcom?" Investopedia. Updated February 7, 2019. https://www. investopedia.com/terms/w/worldcom.asp.

3. Krugman, Paul. "Sam, Janet, and Fiscal Policy." *New York Times*, October 25, 2017. https:// krugman.blogs.nytimes.com/2010/10/25/sam-janet-and-fiscal-policy.

4. Sage, Alexandria and Rai, Sonam. "Tesla CFO Leaves as Automaker Promises Profits and Cheaper Cars." *Reuters*, January 30, 2019. http://fortune.com/2017/02/27/oscars-2017-pricewaterhousecoopers-la-la-land.

5. Shen, Lucinda. "Why PwC Was Involved in the 2017 Oscars Best Picture Mix-Up." *Fortune*, February 27, 2017. http://fortune.com/2017/02/27/oscars-2017-pricewaterhousecoopers-la-la-land.

6. The Phrase Finder. "The Meaning and Origin of the Expression: Cooking the Books." Accessed on March 2, 2019. https://www.phrases.org.uk/meanings/cook-the-books.html.

7. Thomas, C. William. "The Rise and Fall of Enron." *Journal of Accountancy*, April 1, 2002. https://www.journalofaccountancy.com/issues/2002/apr/theriseandfallofenron.html.

8. Yahoo! Finance. "Tesla, Inc.(TSLA)." Accessed on March 1, 2019. https://finance.yahoo.com/quote/TSLA/key-statistics?p=TSLA&.tsrc=fin-tre-srch.

第十一章 货币的未来

1. "7 Major Companies That Accept Cryptocurrency." Due.com, January 31, 2018. https://www.nasdaq.com/article/7-major-companies-that-accept-cryptocurrency-cm913745.

2. Blinder, Marc. "Making Cryptocurrency More Environmentally Sustainable." *Harvard Business.Review*,.November27,2018.https://hbr.org/2018/11/making-cryptocurrency-more-environmentally-sustainable.

3. Browne, Ryan. "Burger King Has Launched Its Own Cryptocurrency in Russia Called 'WhopperCoin.' " CNBC, August 28, 2017. https://www.cnbc.com/2017/08/28/burger-king-russia-cryptocurrency-whoppercoin.html.

4. Burchardi, Kaj and Harle, Nicolas. "The Blockchain Will Disrupt the Music Business and Beyond." *Wired*, January 20, 2018. https://www.wired.co.uk/article/blockchain-disrupting-music-mycelia.

5. CoinMarketCap. "All Cryptocurrencies." Accessed on March 2, 2019. https://coinmarketcap. com/all/views/all.

6. Crane, Joy. "How Bitcoin Got Here: A(Mostly) Complete Timeline of Bitcoin's Highs and Lows" *New York*, December 28, 2017. http://nymag.com/intelligencer/2017/12/bitcoin-timeline-bitcoins-record-highs-lows-and-history.html.

7. Cummins, Eleanor. "Cryptocurrency Millionaires Are Pushing Up Prices on Some Art and Collectibles." *Popular Science*, March 6, 2018. https://www.popsci.com/crypto-bitcoin-millionaires-collectibles.

8. Cuthbertson, Anthony. "Man Accidentally Threw Bitcoin Worth

$108 Million in the Trash, Says There's 'No Point Crying About It.' " *Newsweek,* November 30, 2017. https://www. newsweek.com/man-accidentally-threw-bitcoin-worth-108m-trash-says-theres-no-point-crying-726807.

9. Higgins, Stan. "The ICO Boxing Champ Floyd Mayweather Promoted Has Raised $30 MillionAlready."CoinDesk.Updated.August4,2017. https://www.coindesk.com/ico-boxing-champ-floyd-mayweather-promoted-raised-30-million-already.

10. Hinchcliffe, Emma. "10,000 Bitcoin Bought 2 Pizzas in 2010—And Now It'd Be Worth $20 Million." *Mashable*, May 23, 2017. https://mashable.com/2017/05/23/bitcoin-pizza-day-20-million/#bMB2eoJdBmqs.

11. Marr, Bernard. "23 Fascinating Bitcoin and Blockchain Quotes Everyone Should Read." *Forbes*,August.15,2018.https://www.forbes.com/sites/bernardmarr/2018/08/15/23-fascinating-bitcoin-and-blockchain-quotes-everyone-should-read/#1e703a447e8a.

12. Marvin, Rob. "23 Weird, Gimmicky, Straight-Up Silly Cryptocurrencies." *PC Review,* February6,2018.https://www.pcmag.com/feature/358046/23-weird-gimmicky-straight-up-silly-cryptocurrencies.

13. Montag, Ali. "Why Cameron Winklevoss Drives an 'Old SUV' Even Though the Twins AreBitcoinBillionaires."CNBC,January12,2018. https://www.cnbc.com/2018/01/12/winklevoss-twins-are-bitcoin-billionaires-yet-one-drives-an-old-suv.html.

14. Nova, Annie. "Just 8% of Americans Are Invested in Cryptocurrencies, Survey Says." CNBC, March 16, 2018. https://www.cnbc.com/2018/03/16/why-just-8-percent-of-americans-are-invested-in-cryptocurrencies-.html.

15. Perlberg, Steven. "Bernanke: Bitcoin 'May Hold Long-Term Promise."

Business Insider, November 18, 2013. https://www.businessinsider. com/ben-bernanke-on-bitcoin-2013–11.

16. Varshney, Neer. "Someone Paid \$170,000 for the Most Expensive CryptoKitty Ever." TheNextWeb,September5,2018.https://thenextweb. com/hardfork/2018/09/05/most-expensive-cryptokitty.

17. Wizner, Ben. "Edward Snowden Explains Blockchain to His Lawyer— And the Rest of Us." ACLU, November 20, 2018. https://www.aclu. org/blog/privacy-technology/internet-privacy/edward-snowden- explains-blockchain-his-lawyer-and-rest-us.

第十二章　让朋友们刮目相看的派对话题

1. All Financial Matters. "The Rule of 72, 114, and 144." May 14, 2007. http://allfinancialmatters.com/2007/05/14/the-rule-of-72–114-and-144.

2. Buchanan, Mark. "Wealth Happens." *Harvard Business Review*, April 2002. https://hbr. org/2002/04/wealth-happens.

3. Buhr, Sarah. "10 Ridiculous Kickstarter Campaigns People Actually Supported." *TechCrunch,*accessedonMarch2,2019. https://techcrunch. com/gallery/10-ridiculous-kickstarter-campaigns-people-actually- supported.

4. Dieker, Nicole. "Billfold Book Review: Katrine Marcal's 'Who Cooked Adam Smith's Dinner?" *The Billfold,*June6,2016.https://www. thebillfold.com/2016/06/billfold-book-review-katrine-marcals-who- cooked-adam-smiths-dinner.

5. Godoy, Maria. "Ramen Noodles Are Now the Prison Currency of Choice." NPR, August 26, 2016. https://www.npr.org/sections/ thesalt/2016/08/26/491236253/ramen-noodles-are-now-the-prison-

currency-of-choice.

6. Gorlick, Adam. "Oprah Winfrey Addresses Stanford Class of 2008." *Stanford News*, June 15, 2008. https://news.stanford.edu/news/2008/june18/com-061808.html.

7. Haskin, Brian. "Brad Balter on the Confluence of Hedge Funds and Liquid Alts." Daily Alts. May 28, 2014. https://dailyalts.com/brad-balter-confluence-hedge-funds-liquid-alts.

8. Hellemann, John. "His American Dream." *New York*, Oct. 24, 2007. http://nymag.com/nymag/features/25015/.

9. Kelly, Kate. "Defying the Odds, Hedge Funds Bet Billions on Movies." *Wall Street Journal*. Updated April 29, 2006. https://www.wsj.com/articles/SB114627404745739525.

10. Lowrey, Annie. "Who Cooked Adam Smith's Dinner?" *New York Times*, June 10, 2016. https://www.nytimes.com/2016/06/12/books/review/who-cooked-adam-smiths-dinner-by-katrine-marcal.html.

11. McGinty, Jo Craven. "The Genius Behind Accounting Shortcut? It Wasn't Einstein." Wall *Street Journal*, June 16, 2017. https://www.wsj.com/articles/the-genius-behind-accounting-shortcut-it-wasnt-einstein-1497618000.

12. Mesch, Debra. "The Gender Gap in Charitable Giving." *Wall Street Journal*, Updated February 1, 2016. https://www.wsj.com/articles/the-gender-gap-in-charitable-giving-1454295689.

13. Nisen, Max. "They Finally Tested the 'Prisoner's Dilemma' on Actual Prisoners—And the Results Were Not What You Would Expect." *Business Insider*, July 21, 2013. https://www.businessinsider.com/prisoners-dilemma-in-real-life-2013-7.

14. Oey, Patty. "Fund Fee Study: Investors Saved More Than $4 Billion in 2017." Morningstar. May 11, 2018. https://www.morningstar.com/blog/2018/05/11/fund-fee-study.html.

15. Pesce, Nicole Lyn. "Why Women Are More Likely to Get Funded on Kickstarter." *MarketWatch,* May 12, 2018. https://www.marketwatch.com/story/why-women-are-more-likely-to-get-funded-on-kickstarter-2018–05–12.

16. Segal, Troy. "How to Invest in Movies." Investopedia. Updated February 19, 2018. https://www.investopedia.com/financial-edge/0512/how-to-invest-in-movies.aspx.

17. Thompson, Nicholas. "How Cold War Game Theory Can Resolve the Shutdown." *The New Yorker,* October 7, 2013. https://www.newyorker.com/news/news-desk/how-cold-war-game-theory-can-resolve-the-shutdown.

18. Winton. "Shining a Light on Currency Black Markets." December 13, 2018. https://www. winton.com/longer-view/currency-black-market-exchange-rates.

19. Wolfson, Alisa. "Why Women Give So Much More to Charity than Men." *MarketWatch,* October 26, 2018. https://www.marketwatch.com/story/why-women-give-so-much-more-to-charity-than-men-2018–10–26.